PRÉPAS
SCIENCES

collection dirigée par Bertrand Hauchecorne

ECS

1re et 2e années

Formulaire MATHS

3e édition actualisée

ouvrage coordonné par

Sylvain RONDY
Professeur au lycée Saint Jean (Douai)

Pierre BERLANDI
Professeur au lycée Saint Jean (Douai)

Gianfranco NIFFOI
Professeur au lycée Saint Michel de Picpus (Paris)

Anne-Sophie PIERSON-FERTEL
Professeur au lycée Saint Jean (Douai)

Nicolas PIERSON
Professeur au lycée Saint Jean (Douai)

COLLECTION
PRÉPAS SCIENCES

Retrouvez tous les titres de la collection
et des extraits sur www.editions-ellipses.fr

ISBN 9782340-016491

www.editions-ellipses.fr

AVANT-PROPOS

La réussite en prépa nécessite une acquisition solide des connaissances et une capacité à les mettre en réseau ; elle exige par ailleurs d'en avoir une vision claire et de savoir les mobiliser rapidement. Les deux ouvrages ECS1 et ECS2, de la collection *Prépas sciences* répondent au premier besoin. Ce formulaire vous permettra de satisfaire à cette deuxième exigence.

C'est en effet un résumé clair et concis du cours : définitions, théorèmes et propriétés. Les formules sont mises en valeur par un encadrement sur une trame grisée.

Aucune démonstration n'est faite, aucun exemple n'est proposé, car l'unique objectif est de retrouver le plus vite possible la définition ou la propriété cherchée.

Ce formulaire est structuré en 52 chapitres thématiques, répartis en 6 parties : généralités, analyse, algèbre linéaire, algèbre bilinéaire, probabilités et informatique.

Un index très précis en fin d'ouvrage permet de trouver rapidement et sans hésitation la notion cherchée. Ainsi, ce formulaire est le compagnon idéal pour la préparation des colles, la résolution des exercices et des problèmes mais surtout pour accompagner les révisions avant les concours.

Bertrand Hauchecorne

SOMMAIRE

Généralités

Analyse

Algèbre linéaire

1. SOMMES ET PRODUITS

Somme des termes d'une suite constante

$$\forall a \in \mathbb{R},\ \sum_{k=p}^{n} a = (n-p+1)a$$

Sommes des puissances des *n* premiers entiers

$$\sum_{k=1}^{n} k = \frac{n(n+1)}{2}$$

$$\sum_{k=1}^{n} k^2 = \frac{n(n+1)(2n+1)}{6}$$

$$\sum_{k=1}^{n} k^3 = \frac{n^2(n+1)^2}{4}$$

Sommes géométriques

$$\forall n \in \mathbb{N},\ \sum_{k=0}^{n} q^k = \begin{cases} n+1 & \text{si } q=1 \\ \dfrac{1-q^{n+1}}{1-q} & \text{si } q \neq 1 \end{cases}$$

Plus généralement : $\forall q \neq 1,\ \forall n \geq p,\ \sum_{k=p}^{n} q^k = q^p \dfrac{1-q^{n-p+1}}{1-q}$.

Distributivité, commutativité et associativité

$$\forall \lambda \in \mathbb{R},\ \sum_{k=1}^{n} \lambda x_k = \lambda \sum_{k=1}^{n} x_k \quad (\lambda \text{ ne dépend pas de l'indice})$$

$$\sum_{k=1}^{n} (x_k + y_k) = \sum_{k=1}^{n} x_k + \sum_{k=1}^{n} y_k$$

Changement d'indice

Soit deux entiers naturels n et p tels que $p \leq n$.

Seuls les deux changements d'indice suivants sont autorisés :

- Changement d'indice : $i = k + m$ (avec m entier)

$$\sum_{k=p}^{n} x_{k+m} = \sum_{i=p+m}^{n+m} x_i$$

- Changement d'indice : $i = m - k$ (avec m entier supérieur ou égal à n)

$$\sum_{k=p}^{n} x_{m-k} = \sum_{i=m-n}^{m-p} x_i$$

Télescopage

Quels que soient les réels $x_0, ..., x_{n+1}$, on a :

$$\sum_{k=0}^{n} \left(x_{k+1} - x_k\right) = x_{n+1} - x_0$$

Interversion de sommes doubles

Si les indices sont indépendants :

$$\sum_{(i,j)\in[\![1,n]\!]\times[\![1,m]\!]} x_{i,j} = \sum_{i=1}^{n}(\sum_{j=1}^{m} x_{i,j}) = \sum_{j=1}^{m}(\sum_{i=1}^{n} x_{i,j})$$

Si les indices sont dépendants :

$$\sum_{1\leq i\leq j\leq n} x_{i,j} = \sum_{i=1}^{n}\sum_{j=i}^{n} x_{i,j} = \sum_{j=1}^{n}\sum_{i=1}^{j} x_{i,j}$$

$$\sum_{1\leq i< j\leq n} x_{i,j} = \sum_{i=1}^{n-1}\sum_{j=i+1}^{n} x_{i,j} = \sum_{j=2}^{n}\sum_{i=1}^{j-1} x_{i,j}$$

Lien entre somme simple et double

Quels que soient les réels $x_1,...,x_n$, avec n élément de $\mathbb{N}^*$, on a :

$$\left(\sum_{k=1}^{n} x_k\right)^2 = \sum_{k=1}^{n} x_k^2 + 2 \sum_{1\leq i<j\leq n} x_i x_j$$

Factorielle

Pour tout entier naturel n, on appelle *factorielle* de n, et on note $n!$, l'entier naturel défini par $0!=1$ et, pour tout entier naturel n non nul : $n! = \prod_{k=1}^{n} k = 1\times 2\times ...\times n$.

Pour tout n de $\mathbb{N}^*$, on a : $n! = n\times(n-1)!$.

Produit de termes d'une suite constante

$$\forall n \in \mathbb{N}^*, \prod_{k=1}^{n} \lambda = \lambda^n$$

Opérations compatibles avec $\prod$

$$\forall n \in \mathbb{N}^*, \prod_{k=1}^{n} (x_k y_k) = \left(\prod_{k=1}^{n} x_k\right)\left(\prod_{k=1}^{n} y_k\right)$$

Si aucun des y_k n'est nul, alors : $\displaystyle\prod_{k=1}^{n} \frac{x_k}{y_k} = \frac{\prod_{k=1}^{n} x_k}{\prod_{k=1}^{n} y_k}$

Télescopage

Si aucun des x_k n'est nul, on a :

$$\forall n \in \mathbb{N}, \prod_{k=0}^{n} \frac{x_{k+1}}{x_k} = \frac{x_{n+1}}{x_0}$$

2. ENSEMBLES ET APPLICATIONS

Comparaison d'ensembles

On dit que l'ensemble A est *inclus* dans l'ensemble B, et on note $A \subset B$, lorsque tout élément de A est élément de B.

On dit que deux ensembles A et B sont *égaux*, et on note $A = B$, lorsque l'on a : $A \subset B$ et $B \subset A$.

On dit que l'ensemble A est une *partie* de l'ensemble E (ou encore un *sous-ensemble* de E) lorsque A est inclus dans E.
L'ensemble de toutes les parties de E est noté $\mathcal{P}(E)$.

Intersection et réunion

L'*intersection* des ensembles A et B est l'ensemble, noté $A \cap B$, constitué des éléments qui sont à la fois dans A et dans B.

$$x \in A \cap B \Leftrightarrow x \in A \text{ et } x \in B$$

La *réunion* des ensembles A et B est l'ensemble, noté $A \cup B$, constitué des éléments qui sont dans l'un au moins des ensembles A ou B.

$$x \in A \cup B \Leftrightarrow x \in A \text{ ou } x \in B$$

Commutativité

L'intersection et la réunion sont commutatives :

$$A \cap B = B \cap A \text{ et } A \cup B = B \cup A$$

Associativité

L'intersection et la réunion sont associatives :

$$(A \cap B) \cap C = A \cap (B \cap C) = A \cap B \cap C$$
$$(A \cup B) \cup C = A \cup (B \cup C) = A \cup B \cup C$$

Les ensembles considérés dans la suite sont tous des parties d'un ensemble Ω .

Élément neutre

Ω est élément neutre pour l'intersection : $A \cap \Omega = A$.
$\varnothing$ est élément neutre pour la réunion : $A \cup \varnothing = A$.

Inclusion, intersection et réunion

$$A \cap B \subset A \text{ et } A \subset A \cup B$$

$A \subset B \Leftrightarrow A \cap B = A$.
$A \subset B \Leftrightarrow A \cup B = B$.

$$A \cap A = A \text{ et } A \cup A = A$$

Distributivité

L'intersection et la réunion sont distributives l'une sur l'autre :

$$A \cap (B \cup C) = (A \cap B) \cup (A \cap C)$$
$$A \cup (B \cap C) = (A \cup B) \cap (A \cup C)$$

Complémentaire

Le *complémentaire* de A est l'ensemble, noté $\overline{A}$, contenant les éléments de Ω qui ne sont pas dans A. On a : $x \in \overline{A} \Leftrightarrow x \notin A$.

On a : $\overline{\overline{A}} = A$; $\overline{\varnothing} = \Omega$; $\overline{\Omega} = \varnothing$.
$\overline{A}$ est la seule partie de Ω vérifiant : $A \cap \overline{A} = \varnothing$ et $A \cup \overline{A} = \Omega$.

$$A \subset B \Leftrightarrow \overline{B} \subset \overline{A}$$

Lois de Morgan

$$\overline{A \cap B} = \overline{A} \cup \overline{B} \text{ et } \overline{A \cup B} = \overline{A} \cap \overline{B}$$

Plus généralement, si I désigne un ensemble d'indices, on a :

$$\overline{\bigcap_{i \in I} A_i} = \bigcup_{i \in I} \overline{A_i} \text{ et } \overline{\bigcup_{i \in I} A_i} = \bigcap_{i \in I} \overline{A_i}$$

Produit cartésien

On définit le *produit cartésien* des ensembles $A_1, A_2, \ldots, A_n$ par :
$A_1 \times A_2 \times \ldots \times A_n = \{ (x_1, x_2, \ldots, x_n), \forall i \in [\![1, n]\!], x_i \in A_i \}$.
Le produit $A \times A$ est noté A^2.

Ensembles dénombrables, ensembles finis

On dit qu'un ensemble E est *dénombrable* s'il existe une bijection de E sur $\mathbb{N}$.

Un ensemble E est dit *fini* s'il est vide ou s'il existe un entier naturel n non nul tel qu'il existe une bijection de E vers $[\![1, n]\!]$.
Le nombre n est appelé cardinal de E, noté Card (E).
On a Card ($\varnothing$) = 0.

Dans toute la suite, E, F et G désignent des ensembles.

Fonctions et applications

Une fonction f de E dans (ou vers) F est un procédé qui permet d'associer certains éléments de E avec des éléments de F appelés leurs images, de telle façon que tout élément x de E possède au maximum une image y dans F.

Une application f de E dans F est une fonction de E dans F telle que tout élément de E possède exactement une image par f dans F.
L'ensemble des applications de E dans F est noté $\mathcal{A}(E, F)$.

Identité

On appelle *identité* de E (ou *application identique* de E), l'application de E dans E, notée Id_E et définie par :

$$\forall x \in E,\ Id_E(x) = x$$

Restriction d'une application

Soit f une application de E dans F et E' une partie de E. On appelle *restriction* de f à E', l'application notée $f_{|E'}$ définie par :

$$\forall x \in E', f_{|E'}(x) = f(x)$$

Composée d'applications

Soit f une application de E dans F et g une application de F dans G. On note $g \circ f$ (et on lit "g rond f") l'application de E dans G qui à tout élément x de E associe : $(g \circ f)(x) = g(f(x))$.

Lorsque les composées écrites ci-après existent, on a :

$$(f \circ g) \circ h = f \circ (g \circ h) = f \circ g \circ h$$

Si f est une application de E dans F, on a :

$$f \circ Id_E = Id_F \circ f = f$$

Injection

Une application f de E dans F est *injective* (ou est une *injection*) si chaque élément de F admet au plus un antécédent dans E par f.

Une application f de E dans F est injective si, et seulement si :

$$\forall (x_1, x_2) \in E^2, f(x_1) = f(x_2) \Rightarrow x_1 = x_2$$

Surjection

Une application f de E dans F est *surjective* (ou est une *surjection*) si chaque élément de F admet au moins un antécédent dans E par f.

Une application f de E dans F est surjective si et seulement si :

$$\forall y \in F, \exists x \in E, y = f(x)$$

Bijection

Une application f de E dans F est une application *bijective* (on dit aussi une *bijection*) si elle est injective et surjective.

Une application f de E dans F est bijective si et seulement si :

$$\forall y \in F, \exists! x \in E, y = f(x)$$

Une application f de E dans F est une bijection de E dans F si, et seulement si, il existe une application g de F dans E telle que :

$$g \circ f = Id_E \text{ et } f \circ g = Id_F$$

La fonction g est alors appelée *bijection réciproque* de f et est notée f^{-1}. On a l'équivalence :

$$y = f(x) \Leftrightarrow x = f^{-1}(y)$$

Composée de bijections

Si f est une bijection de E dans F et g une bijection de F dans G, alors $g \circ f$ est une bijection de E dans G et l'on a :

$$(g \circ f)^{-1} = f^{-1} \circ g^{-1}$$

Théorème de la bijection

Si f est une application, définie sur un intervalle I de $\mathbb{R}$, à valeurs réelles, continue et strictement monotone sur I, alors f est une bijection de I sur l'intervalle $J = f(I)$.

Lorsque f est continue et strictement monotone sur I, f et f^{-1} ont les mêmes variations.

En mathématiques, "évident" est le mot le plus dangereux.

Eric Temple Bell

3. DÉNOMBREMENT

Cardinal et bijection

S'il existe une bijection entre 2 ensembles A et B finis, alors :

$$\text{card}(A) = \text{card}(B)$$

Cardinal et complémentaire

Soit Ω un ensemble fini et A une partie de Ω. En notant $\overline{A}$ le complémentaire de A dans Ω, on a :

$$\text{card}(A) = \text{card}(\Omega) - \text{card}(\overline{A})$$

Cardinal et produit cartésien

Si $A_1, A_2, \ldots A_n$ sont des ensembles finis, alors on a :

$$\text{card}(A_1 \times A_2 \times \ldots \times A_n) = \text{card}(A_1)\,\text{card}(A_2)\ldots\,\text{card}\,(A_n)$$

Cardinal d'une réunion disjointe

Le cardinal d'une réunion d'ensembles finis et deux à deux disjoints est la somme des cardinaux de chacun des ensembles.

Formule du crible (ou de Poincaré)

Si A et B sont deux ensembles finis, on a :

$$\text{card}(A \cup B) = \text{card}(A) + \text{card}(B) - \text{card}(A \cap B)$$

Si A, B et C sont trois ensembles finis, on a :

$$\begin{aligned}\text{card}(A \cup B \cup C) = {} & \text{card}(A) + \text{card}(B) + \text{card}(C) \\ & - \text{card}(A \cap B) - \text{card}(A \cap C) - \text{card}(B \cap C) \\ & + \text{card}(A \cap B \cap C)\end{aligned}$$

p-listes

Soit E un ensemble ayant n éléments ($n \geq 1$).
Une p-liste d'éléments choisis parmi les n éléments de E est une suite ordonnée, $(e_1, ..., e_p)$, formée de p éléments de E.
Chaque application d'un ensemble à p éléments dans un ensemble à n éléments peut être représentée par la p-liste des images des éléments de l'ensemble de départ.

Il y a n^p listes de p éléments d'un ensemble E de cardinal n et il y a donc n^p applications d'un ensemble à p éléments vers un ensemble à n éléments.

p-listes d'éléments distincts

Chaque injection d'un ensemble à p éléments dans un ensemble à n éléments peut être représentée par la p-liste **d'éléments distincts** formée des images des éléments de l'ensemble de départ.

Si $p \leq n$, il y a $n(n-1)\dots(n-p+1) = \dfrac{n!}{(n-p)!}$ listes de p éléments distincts d'un ensemble E de cardinal n et il y a donc $\dfrac{n!}{(n-p)!}$ injections d'un ensemble à p éléments vers un ensemble à n éléments.

Permutations

Soit E un ensemble fini.
Une *permutation* de E est une bijection de E dans E.

Chaque permutation de E peut être représentée par la liste des éléments distincts formée par les images des éléments de E.

Il y a $n!$ permutations d'un ensemble E à n éléments.

Combinaisons

Une *combinaison* de p éléments choisis parmi n est une partie à p éléments d'un ensemble à n éléments (avec $p \leq n$).

Nombre de combinaisons

Le nombre de combinaisons de p éléments choisis parmi n est égal à $\binom{n}{p}$, ce qui se prononce "p parmi n" et on a :

$$\binom{n}{p} = \begin{cases} \dfrac{n!}{p!(n-p)!} & \text{si } 0 \leq p \leq n \\ 0 \quad \text{si } p > n \end{cases}$$

Remarque : $\binom{n}{p}$ est un entier naturel.

Nombre de façons de choisir *p* objets

Le nombre $\binom{n}{p}$ est égal au nombre de façons de choisir (sans considération d'ordre ou de hiérarchie) p objets distincts parmi n objets donnés (avec $p \leq n$).

Nombre de chemins

Dans un arbre binaire (succès-échec), le nombre $\binom{n}{p}$ est égal au nombre de chemins sur lesquels on obtient p succès lors de n répétitions indépendantes d'une épreuve aléatoire (loi binomiale).

Symétrie des coefficients binomiaux

Les nombres $\binom{n}{p}$ sont appelés *coefficients binomiaux* et on a :

$$\binom{n}{p} = \binom{n}{n-p}$$

Relations "diagonales"

$$\forall n \geq 1, \forall p \geq 1, p\binom{n}{p} = n\binom{n-1}{p-1}$$

$$\forall n \geq 2, \forall p \geq 2, p(p-1)\binom{n}{p} = n(n-1)\binom{n-2}{p-2}$$

Seule la première de ces deux relations est exigible et il est prudent de savoir démontrer la deuxième.

Triangle de Pascal

$$\forall n \in \mathbb{N}^*, \forall p \in [\![1, n]\!], \binom{n}{p} = \binom{n-1}{p-1} + \binom{n-1}{p}$$

Remarque. Si $p > n$, cette égalité est encore vraie puisqu'elle donne $0 = 0 + 0$.

Formule du binôme de Newton

Pour tout couple (a, b) de réels et pour tout entier naturel n, on a :

$$(a+b)^n = \sum_{k=0}^{n} \binom{n}{k} a^k b^{n-k} = \sum_{k=0}^{n} \binom{n}{k} a^{n-k} b^k$$

Nombre de parties d'un ensemble

En faisant $a = b = 1$ dans la formule du binôme ci-dessus, on trouve $\sum_{k=0}^{n} \binom{n}{k} = 2^n$, ce qui traduit le fait que :

Le nombre de parties d'un ensemble à n éléments est égal à 2^n.

&

Tout l'Univers repose sur l'ensemble des entiers naturels.

Pythagore de Samos

4. NOMBRES COMPLEXES

Définitions

On appelle *nombre complexe* toute expression de la forme $z = a + ib$, où a et b sont des **réels** et où i est un nombre tel que $i^2 = -1$.

L'écriture $z = a + i\,b$ est appelée écriture algébrique de z.
a est appelé *partie réelle* de z et est noté $a = \mathrm{Re}(z)$ et b est appelé *partie imaginaire* de z et est noté $b = \mathrm{Im}(z)$.
L'ensemble des nombres complexes est noté $\mathbb{C}$.

Égalité de deux nombres complexes

Deux complexes sont égaux si, et seulement si, ils ont même partie réelle et même partie imaginaire. En désignant par a, b, a', b' des **réels**, on a donc :

$$a + i\,b = a' + i\,b' \Leftrightarrow a = a' \text{ et } b = b'$$

Somme et produit de deux complexes

Si $z = a + i\,b$ et $z' = a' + i\,b'$, on a :

$$z + z' = (a + a') + i(b + b') \quad \text{et} \quad zz' = (aa' - bb') + i(ab' + a'b)$$

Formule du binôme de Newton

Soit (z_1, z_2) un couple de nombres complexes et n un entier naturel. On a :

$$(z_1 + z_2)^n = \sum_{k=0}^{n} \binom{n}{k} z_1^{\,k} z_2^{\,n-k} = \sum_{k=0}^{n} \binom{n}{k} z_1^{\,n-k} z_2^{\,k}$$

Conjugué

Le *conjugué* du nombre complexe $z = a + ib$ où $(a,b) \in \mathbb{R}^2$ est :

$$\overline{z} = a - ib$$

Soit (z, z') un couple de nombres complexes. On a :

$\overline{\overline{z}} = z$ $z + \overline{z} = 2\,\mathrm{Re}(z)$ $z - \overline{z} = 2i\,\mathrm{Im}(z)$	$\overline{z + z'} = \overline{z} + \overline{z'}$ $\overline{zz'} = \overline{z}\,\overline{z'}$ $\forall n \in \mathbb{N},\ \overline{z^n} = \left(\overline{z}\right)^n$	Si $z' \neq 0$ $\overline{\left(\dfrac{z}{z'}\right)} = \dfrac{\overline{z}}{\overline{z'}}$

Module

Le *module* du nombre complexe $z = a + ib$, où $(a,b) \in \mathbb{R}^2$, est le nombre réel **positif** noté $|z|$ défini par : $|z| = \sqrt{a^2 + b^2}$

Soit (z, z') un couple de nombres complexes. On a :

$\lvert z \rvert = 0 \Leftrightarrow z = 0$ $\lvert z \rvert^2 = z\overline{z}$ $\lvert z \rvert = \lvert -z \rvert = \lvert \overline{z} \rvert$	$\lvert zz' \rvert = \lvert z \rvert \lvert z' \rvert$ $\forall n \in \mathbb{N},\ \lvert z^n \rvert = \lvert z \rvert^n$	Si $z' \neq 0$ $\left\lvert \dfrac{z}{z'} \right\rvert = \dfrac{\lvert z \rvert}{\lvert z' \rvert}$

Inégalité triangulaire

$$\forall (z, z') \in \mathbb{C}^2, |z + z'| \leq |z| + |z'|$$

Argument

Soit un nombre complexe **non nul** $z = a + ib$, où $(a,b) \in \mathbb{R}^2$. On appelle *argument* de z (on note $\arg z$) tout réel θ tel que :

$$\cos\theta = \frac{a}{\sqrt{a^2 + b^2}} \text{ et } \sin\theta = \frac{b}{\sqrt{a^2 + b^2}}$$

Forme exponentielle

Le complexe $\cos\theta + i\sin\theta$ est noté $e^{i\theta}$.

Tout nombre complexe z **non nul** s'écrit sous la forme $z = re^{i\theta}$ avec $r > 0$ et θ réel.

L'écriture $z = re^{i\theta}$ avec $r > 0$ est la forme exponentielle de z.

Dans ce cas, $|z| = r$ et θ est un argument de z.

Pour tout couple de réels (θ, θ'), on a :

$$\overline{e^{i\theta}} = e^{-i\theta} = \frac{1}{e^{i\theta}}$$

$$\left|e^{i\theta}\right| = 1$$

$$e^{i\theta} \times e^{i\theta'} = e^{i(\theta+\theta')}$$

Formule de Moivre

Pour tout réel θ et tout entier naturel n, on a :

$\left(e^{i\theta}\right)^n = e^{in\theta}$ c'est-à-dire : $\left(\cos\theta + i\sin\theta\right)^n = \cos n\theta + i\sin n\theta$

Formules d'Euler

$\forall\theta \in \mathbb{R}$, $\cos\theta = \dfrac{e^{i\theta} + e^{-i\theta}}{2}$ et $\sin\theta = \dfrac{e^{i\theta} - e^{-i\theta}}{2i}$

Racines $n^{\text{èmes}}$ d'un nombre complexe non nul

Cette notion n'est pas exigible.

Soit n un entier naturel non nul et Z un nombre complexe non nul. On appelle *racine* $n^{\text{ème}}$ de Z, tout complexe z tel que $z^n = Z$.

Soit n un entier naturel non nul. Tout nombre complexe non nul $Z = re^{i\theta}$ possède exactement n racines $n^{\text{èmes}}$ qui sont :

$$\sqrt[n]{r}\, e^{i\left(\frac{\theta + 2k\pi}{n}\right)} \text{ avec } k \in [\![0, n-1]\!]$$

Racines $n^{\text{èmes}}$ de l'unité

Soit $\omega = e^{i\frac{2\pi}{n}}$. Les racines $n^{\text{èmes}}$ de l'unité sont : $1, \omega, \omega^2, \ldots, \omega^{n-1}$.
Pour tout entier naturel n supérieur ou égal à 2, la somme des racines $n^{\text{èmes}}$ de l'unité est nulle.

Racines cubiques de l'unité

On note $j = e^{\frac{2i\pi}{3}}$. Les trois racines cubiques de l'unité sont $1, j$ et j^2 et on a la relation : $1 + j + j^2 = 0$

Formules d'addition (à connaître)

Pour tous réels a et b, on a :

$$\cos(a+b) = \cos a \cos b - \sin a \sin b$$

$$\sin(a+b) = \sin a \cos b + \sin b \cos a$$

Il faut savoir en déduire :

$$\cos(a-b) = \cos a \cos b + \sin a \sin b$$

$$\sin(a-b) = \sin a \cos b - \sin b \cos a$$

Formules de duplication

Pour tout réel a, il faut savoir prouver (en faisant $a = b$ dans les formules d'addition et en utilisant $\cos^2 a + \sin^2 a = 1$) que l'on a :

$$\cos(2a) = \cos^2 a - \sin^2 a = 2\cos^2 a - 1 = 1 - 2\sin^2 a$$

$$\sin(2a) = 2\sin a \cos a$$

Formules de linéarisation

Pour tout réel a, on déduit grâce aux formules donnant $\cos(2a)$ que l'on a :

$$\cos^2 a = \frac{1+\cos(2a)}{2} \text{ et } \sin^2 a = \frac{1-\cos(2a)}{2}$$

5. POLYNÔMES

$\mathbb{K}$ désigne $\mathbb{R}$ ou $\mathbb{C}$. Les éléments de $\mathbb{K}$ sont appelés scalaires.

Définitions

On appelle *polynôme* d'indéterminée X à coefficients dans $\mathbb{K}$ toute expression de la forme : $P = a_0 + a_1 X + \ldots + a_n X^n$ ($n \in \mathbb{N}$).
Les scalaires a_0 , a_1 , ..., a_n sont appelés coefficients de P.
Si tous les coefficients de P sont nuls, P est appelé le polynôme nul et on note $P = 0$.

Soit $P = a_0 + a_1 X + \ldots + a_n X^n$ un polynôme non nul de $\mathbb{K}[X]$, où n est un entier naturel et $a_n \neq 0$. L'entier n est appelé *degré* de P (on note $\deg P = n$) et a_n est appelé *coefficient dominant* de P.
Si $a_n = 1$, le polynôme P est dit *normalisé* ou *unitaire*.
Par convention, le polynôme nul est de degré $-\infty$.

L'ensemble des polynômes d'indéterminée X à coefficients dans $\mathbb{K}$ est noté $\mathbb{K}[X]$. L'ensemble des polynômes à coefficients dans $\mathbb{K}$ et de degré inférieur ou égal à n est noté $\mathbb{K}_n[X]$.

Égalité de deux polynômes

Deux polynômes non nuls sont égaux s'ils ont même degré et mêmes coefficients.

Degré d'une somme, degré d'un produit

Soit P et Q deux polynômes. On a :

$$\deg(P+Q) \leq \max(\deg P, \deg Q)$$

$$\deg(PQ) = \deg P + \deg Q$$

Division euclidienne

Soit A et B deux polynômes de $\mathbb{K}[X]$ avec $B \neq 0$.

Il existe un unique couple (Q, R) de polynômes de $\mathbb{K}[X]$ tel que $A = BQ + R$, avec $\deg R < \deg B$.

Les polynômes Q et R sont appelés respectivement *quotient* et *reste* dans la division euclidienne de A par B.

On dit qu'un polynôme non nul B *divise* un polynôme A ou que A est *divisible* par B s'il existe un polynôme Q tel que $A = BQ$. On dit aussi que A est *multiple* de B.

Polynôme dérivé

Soit le polynôme $P = \sum_{i=0}^{n} a_i X^i$.

Si P est constant, alors P' est le polynôme nul.

Si $\deg P \geq 1$, alors $P' = \sum_{i=1}^{n} i\, a_i X^{i-1}$

Polynômes dérivés successifs

On définit les polynômes dérivés successifs de P, pour tout k de $\mathbb{N}^*$, par $P^{(k)} = \left(P^{(k-1)}\right)'$, avec la convention : $P^{(0)} = P$.

Il faut savoir retrouver le résultat suivant :

Soit un polynôme $P = \sum_{i=0}^{n} a_i X^i$ de degré n $(a_n \neq 0)$.

- $\forall k \in [\![0, n]\!]$, $\deg P^{(k)} = n - k$ et $P^{(k)} = \sum_{i=k}^{n} \frac{i!}{(i-k)!} a_i X^{i-k}$.
- $\forall k \in [\![n+1, +\infty[\![$, $P^{(k)} = 0$.

Formule de Taylor

Soit P un polynôme de $\mathbb{K}_n[X]$.

$$\forall a \in \mathbb{K}\,,\ P(X)=\sum_{k=0}^{n}\frac{P^{(k)}(a)}{k!}(X-a)^k$$

Racines d'un polynôme

Soit P un polynôme de $\mathbb{K}[X]$ et r un scalaire. On dit que r est une *racine* du polynôme P si $P(r)=0$.

Soit P un polynôme de $\mathbb{K}[X]$ et r un scalaire.

r est racine de P si et seulement si $X-r$ divise P.

Soit n un entier naturel non nul et P un polynôme qui admet n racines distinctes $r_1,r_2,\dots,r_n$. Le polynôme $\prod_{i=1}^{n}(X-r_i)$ divise P.

Tout polynôme non nul de $\mathbb{K}_n[X]$ admet au plus n racines.

Racines et polynôme nul

Un polynôme de degré inférieur ou égal à n qui possède au moins $n+1$ racines est le polynôme nul.
Tout polynôme qui admet une infinité de racines est nul.

Racines simples, racines multiples

Soit P un polynôme de $\mathbb{K}[X]$, r un élément de $\mathbb{K}$ et m un entier naturel non nul. On dit que r est *racine d'ordre de multiplicité m* du polynôme P si :

$(X-r)^m$ divise P et si $(X-r)^{m+1}$ ne divise pas P.

Autrement dit, r est racine d'ordre de multiplicité m de P s'il existe un polynôme Q tel que $P=(X-r)^m Q$ avec $Q(r)\neq 0$.

Soit P un polynôme de $\mathbb{K}[X]$ et m un entier naturel non nul. Le scalaire r est une racine d'ordre de multiplicité m du polynôme P si et seulement si :

$$\forall k \in [\![0, m-1]\!],\ P^{(k)}(r) = 0 \text{ et } P^{(m)}(r) \neq 0.$$

Une *racine simple* est une racine d'ordre de multiplicité égal à 1.

Théorème de d'Alembert-Gauss

Tout polynôme de degré n de $\mathbb{C}[X]$ admet exactement n racines complexes distinctes ou non.

Factorisation dans $\mathbb{C}[X]$

Soit P un polynôme de $\mathbb{C}[X]$ de degré n et de coefficient dominant a_n. Si l'on note r_1, r_2,..., r_p ($p \in \mathbb{N}^*$) les p racines distinctes de P, d'ordres de multiplicité respectifs α_1, α_2,..., α_p ($\sum_{i=1}^{p} \alpha_i = n$), on a : $P = a_n \prod_{i=1}^{p} (X - r_i)^{\alpha_i}$

Factorisation dans $\mathbb{R}[X]$

Soit P un polynôme de $\mathbb{R}[X]$.
Si le complexe a est racine de P alors $\overline{a}$ est aussi racine de P.

Tout polynôme de $\mathbb{R}[X]$ peut s'écrire comme produit de polynômes à coefficients réels de degré 1 et de polynômes à coefficients réels de degré 2 n'ayant pas de racine réelle.

&

L'essence des mathématiques, c'est la liberté.

Georg Cantor

6. GÉNÉRALITÉS SUR LES FONCTIONS

On considère une fonction f d'une variable réelle, à valeurs réelles. On note D_f son ensemble de définition et (C_f) sa représentation graphique dans un repère orthogonal (xOy).

Parité, imparité

La fonction f est *paire* si D_f est centré en 0 et :

$$\forall x \in D_f,\ f(-x) = f(x)$$

La fonction f est *impaire* si D_f est centré en 0 et :

$$\forall x \in D_f,\ f(-x) = -f(x)$$

Parité et symétrie

Si f est paire, alors (C_f) est symétrique par rapport à (Oy).
Si f est impaire, alors (C_f) est symétrique par rapport à O.

Périodicité

La fonction f est dite *périodique* lorsqu'il existe un réel strictement positif T tel que :

$$\forall x \in D_f,\ x+T \in D_f \text{ et } f(x+T) = f(x)$$

On dit que f est T-périodique, et T est une *période* de f.

Majorant, minorant

Soit une partie A de $\mathbb{R}$, incluse dans D_f.

- La fonction f est dite *majorée* sur A s'il existe un réel M tel que : $\forall x \in A, f(x) \leq M$. Le réel M est appelé un *majorant* de f sur A.
- La fonction f est dite *minorée* sur A s'il existe un réel m tel que : $\forall x \in A, f(x) \geq m$. Le réel m est appelé un *minorant* de f sur A.
- La fonction f est *bornée* si elle est à la fois majorée et minorée.

Extremums globaux

Soit une partie A de $\mathbb{R}$, incluse dans D_f et x_0 un point de A.

• On dit que f admet un *maximum global* sur A en x_0, lorsque :

$$\forall x \in A, f(x) \leq f(x_0)$$

On note alors $f(x_0) = \max\limits_{x \in A} f(x)$.

• On dit que f admet un *minimum global* sur A en x_0, lorsque :

$$\forall x \in A, f(x) \geq f(x_0)$$

On note alors $f(x_0) = \min\limits_{x \in A} f(x)$.

Extremums locaux

Soit une partie A de $\mathbb{R}$, incluse dans D_f et x_0 un point de A.

• On dit que f admet un *maximum local* sur A en x_0, lorsqu'il existe un voisinage V de x_0 tel que :

$$\forall x \in A \cap V, f(x) \leq f(x_0)$$

• On dit que f admet un *minimum local* sur A en x_0, lorsqu'il existe un voisinage V de x_0 tel que :

$$\forall x \in A \cap V, f(x) \geq f(x_0)$$

Borne supérieure, borne inférieure

• Si la fonction f est majorée sur A, alors l'ensemble de ses majorants admet un plus petit élément, appelé *borne supérieure de f sur A*, et noté $\sup\limits_{x \in A} f(x)$.

• Si la fonction f est minorée sur A, alors l'ensemble de ses minorants admet un plus grand élément, appelé *borne inférieure de f sur A*, et noté $\inf\limits_{x \in A} f(x)$.

Sens de variation

Soit une fonction f définie sur un intervalle I de $\mathbb{R}$.
• La fonction f est *croissante* sur I lorsque :

$$\forall (x,y) \in I^2,\ x \leq y \Rightarrow f(x) \leq f(y)$$

La fonction f est *strictement croissante* sur I lorsque :

$$\forall (x,y) \in I^2,\ x < y \Rightarrow f(x) < f(y)$$

• La fonction f est *décroissante* sur I lorsque :

$$\forall (x,y) \in I^2,\ x \leq y \Rightarrow f(x) \geq f(y)$$

La fonction f est *strictement décroissante* sur I lorsque :

$$\forall (x,y) \in I^2,\ x < y \Rightarrow f(x) > f(y)$$

• La fonction f est *monotone* sur I lorsque f est soit croissante, soit décroissante sur I. On définit de même la stricte monotonie.

Sens de variation et composition

	f croît sur I	f décroît sur I
g croît sur $f(I)$	$g \circ f$ croît sur I	$g \circ f$ décroît sur I
g décroît sur $f(I)$	$g \circ f$ décroît sur I	$g \circ f$ croît sur I

Sens de variation d'une bijection réciproque

Soit f une bijection d'un intervalle I de $\mathbb{R}$ sur un intervalle J de $\mathbb{R}$. Si f est strictement monotone sur I, alors f^{-1} est une bijection de J sur I, ayant le même sens de variation que f.

&

Le climat des mathématiques est commandé par les rigueurs d'une logique implacable

Arnaud Denjoy

7. LIMITES

Limite finie en un point

Soit un réel ℓ et une fonction f définie au voisinage du réel x_0.

On dit que $\lim_{x \to x_0} f(x) = \ell$ lorsque :

$$\forall \varepsilon > 0,\ \exists \alpha > 0,\ \forall x \in D_f, \left| x - x_0 \right| \leq \alpha \Rightarrow \left| f(x) - \ell \right| \leq \varepsilon$$

Si $\lim_{x \to x_0} f(x) = \ell$:

- Soit f est définie en x_0, alors $\ell = f(x_0)$ et f est continue en x_0.
- Soit f n'est pas définie en x_0 et f se prolonge par continuité en x_0.

Unicité de la limite

Si f admet une limite en x_0, alors celle-ci est unique.

Limite à gauche, limite à droite

- Soit une fonction f définie sur un voisinage à gauche de x_0.

On dit que $\lim_{x \to x_0^-} f(x) = \ell$ lorsque :

$$\forall \varepsilon > 0,\ \exists \alpha > 0,\ \forall x \in D_f,\ x_0 - \alpha \leq x < x_0 \Rightarrow \left| f(x) - \ell \right| \leq \varepsilon$$

- Soit une fonction f définie sur un voisinage à droite de x_0.

On dit que $\lim_{x \to x_0^+} f(x) = \ell$ lorsque :

$$\forall \varepsilon > 0,\ \exists \alpha > 0,\ \forall x \in D_f,\ x_0 < x \leq x_0 + \alpha \Rightarrow \left| f(x) - \ell \right| \leq \varepsilon$$

Lien entre limite et limites à droite et à gauche

Soit f une fonction définie au voisinage de x_0.

Si f n'est pas définie en x_0, alors f admet ℓ pour limite en x_0 si, et seulement si, f admet ℓ pour limite à gauche en x_0 et pour limite à droite en x_0.

Si f est définie en x_0, alors f admet une limite en x_0 si, et seulement si, f admet une limite à gauche en x_0 et une limite à droite en x_0 toutes les deux égales à $f(x_0)$. Dans ce cas, f est continue en x_0.

Limite infinie en un point

- La limite de f en x_0 est égale à $+\infty$ lorsque :
$$\forall A \in \mathbb{R},\ \exists \alpha > 0,\ \forall x \in D_f, \left| x - x_0 \right| \leq \alpha \Rightarrow f(x) \geq A$$
- La limite de f en x_0 est égale à $-\infty$ lorsque :
$$\forall A \in \mathbb{R},\ \exists \alpha > 0,\ \forall x \in D_f, \left| x - x_0 \right| \leq \alpha \Rightarrow f(x) \leq A$$

La droite d'équation $x = x_0$ est *asymptote verticale* à C_f.

Limite finie (ℓ) en l'infini

- $\lim\limits_{x \to +\infty} f(x) = \ell \Leftrightarrow \forall \varepsilon > 0,\ \exists B > 0,\ \forall x \geq B,\ \left| f(x) - \ell \right| \leq \varepsilon$
- $\lim\limits_{x \to -\infty} f(x) = \ell \Leftrightarrow \forall \varepsilon > 0,\ \exists B < 0,\ \forall x \leq B,\ \left| f(x) - \ell \right| \leq \varepsilon$

La droite d'équation $y = \ell$ est *asymptote horizontale* à C_f.

Limite infinie en l'infini

- $\lim\limits_{x \to +\infty} f(x) = +\infty \Leftrightarrow \forall A \in \mathbb{R},\ \exists B > 0,\ \forall x \geq B, f(x) \geq A$
- $\lim\limits_{x \to +\infty} f(x) = -\infty \Leftrightarrow \forall A \in \mathbb{R},\ \exists B > 0,\ \forall x \geq B, f(x) \leq A$
- $\lim\limits_{x \to -\infty} f(x) = +\infty \Leftrightarrow \forall A \in \mathbb{R},\ \exists B < 0,\ \forall x \leq B, f(x) \geq A$
- $\lim\limits_{x \to -\infty} f(x) = -\infty \Leftrightarrow \forall A \in \mathbb{R},\ \exists B < 0,\ \forall x \leq B, f(x) \leq A$

Dans le cas où la limite de f en l'infini est infinie, il se peut que l'on soit face à la situation suivante (pas explicitement au programme) :

Si $\lim\limits_{x \to \pm\infty} \left(f(x) - (ax + b) \right) = 0$, alors on dit que ($C_f$) a en $\pm\infty$ une *asymptote oblique* d'équation $y = ax + b$.

Limites et somme (*a* réel ou infini)

$\lim\limits_{x\to a} f(x)$	$-\infty$	$+\infty$	$-\infty$	ℓ	ℓ
$\lim\limits_{x\to a} g(x)$	$-\infty$	$+\infty$	$+\infty$	$+\infty$	$-\infty$
$\lim\limits_{x\to a}\big(f(x)+g(x)\big)$	$-\infty$	$+\infty$	Forme indéterminée	$+\infty$	$-\infty$

Limites et produit (*a* réel ou infini)

$\lim\limits_{x\to a} f(x)$	$\pm\infty$	$\ell\neq 0$	0
$\lim\limits_{x\to a} g(x)$	$\pm\infty$	$\pm\infty$	$\pm\infty$
$\lim\limits_{x\to a}\big(f(x)g(x)\big)$	$\pm\infty$	$\pm\infty$	Forme Indéterminée

la règle des signes donne le signe de la limite du produit

Limite de l'inverse d'une fonction (*a* réel ou infini)

$\lim\limits_{x\to a} f(x)$	$\pm\infty$	$\ell\neq 0$	0 et $f(x)<0$ au voisinage de a	0 et $f(x)>0$ au voisinage de a
$\lim\limits_{x\to a}\dfrac{1}{f(x)}$	0	$\dfrac{1}{\ell}$	$-\infty$	$+\infty$

Composition des limites

Soit a, b et c réels ou infinis. Soit une fonction f définie au voisinage de a et une fonction g définie au voisinage de b.

Si $\lim\limits_{x\to a} f(x)=b$ et $\lim\limits_{x\to b} g(x)=c$, alors $\lim\limits_{x\to a} g(f(x))=c$.

Limites usuelles

$$\lim_{x\to 0}\frac{e^x-1}{x}=1 \;;\; \lim_{x\to 0}\frac{\ln(1+x)}{x}=1$$

$$\lim_{x\to 0}\frac{\sin x}{x}=1 \;;\; \lim_{x\to 0}\frac{1-\cos x}{x}=0 \;;\; \lim_{x\to 0}\frac{\tan x}{x}=1$$

Croissances comparées

Pour tout couple (α, β) de réels strictement positifs, on a :

$$\lim_{x\to 0^+} x^\alpha (\ln x)^\beta = 0 \qquad \lim_{x\to+\infty} \frac{(\ln x)^\beta}{x^\alpha} = 0 \qquad \lim_{x\to+\infty} \frac{e^x}{x^\alpha} = +\infty$$

Prolongement des inégalités (*a* réel ou infini)

Si pour tout x d'un voisinage de a, on a $f(x) < g(x)$ ou $f(x) \le g(x)$, et si $\lim\limits_{x\to a} f(x) = \ell$ et $\lim\limits_{x\to a} g(x) = \ell'$, alors : $\ell \le \ell'$.

Théorème de comparaison (*a* réel ou infini)

Si pour tout x d'un voisinage de a, on a $f(x) \le g(x)$, alors :

- $\lim\limits_{x\to a} f(x) = +\infty \Rightarrow \lim\limits_{x\to a} g(x) = +\infty$.
- $\lim\limits_{x\to a} g(x) = -\infty \Rightarrow \lim\limits_{x\to a} f(x) = -\infty$.

Théorème d'encadrement (*a* réel ou infini)

Si pour tout x d'un voisinage de a, on a $f(x) \le g(x) \le h(x)$ et si $\lim\limits_{x\to a} f(x) = \lim\limits_{x\to a} h(x) = \ell$, alors : $\lim\limits_{x\to a} g(x) = \ell$.

Si pour tout x d'un voisinage de a, on a $|f(x) - \ell| \le g(x)$ et si $\lim\limits_{x\to a} g(x) = 0$, alors $\lim\limits_{x\to a} f(x) = \ell$.

Théorème de la limite monotone

Si f est monotone de $]a, b[$ dans $\mathbb{R}$, alors f admet des limites finies à droite et à gauche en tout point de $]a, b[$. De plus, on a :

	***f* croissante**	***f* décroissante**
***f* majorée**	f a une limite finie en b^-	f a une limite finie en a^+
***f* non majorée**	$\lim\limits_{x\to b^-} f(x) = +\infty$	$\lim\limits_{x\to a^+} f(x) = +\infty$
***f* minorée**	f a une limite finie en a^+	f a une limite finie en b^-
***f* non minorée**	$\lim\limits_{x\to a^+} f(x) = -\infty$	$\lim\limits_{x\to b^-} f(x) = -\infty$

8. NÉGLIGEABILITÉ ET ÉQUIVALENCE (FONCTIONS)

Négligeabilité

Soit a réel ou infini. Une fonction f est *négligeable* devant g au voisinage de a s'il existe une fonction ε de limite nulle en a, telle que $f(x) = \varepsilon(x)g(x)$ au voisinage de a. On note: $f(x) \underset{a}{=} o(g(x))$.

Au voisinage de a, $o(1)$ désigne une fonction de limite nulle en a.

Caractérisation de la négligeabilité

Si la fonction g ne s'annule pas au voisinage de a, alors :

$$f(x) \underset{a}{=} o(g(x)) \Leftrightarrow \lim_{x \to a} \frac{f(x)}{g(x)} = 0$$

Négligeabilité et opérations

- Si $f(x) \underset{a}{=} o(h(x))$ et $g(x) \underset{a}{=} o(h(x))$, alors on a :

$$\forall (\alpha, \beta) \in \mathbb{R}^2, \; \alpha f(x) + \beta g(x) \underset{a}{=} o(h(x))$$

- Si $f(x) \underset{a}{=} o(g(x))$ et $g(x) \underset{a}{=} o(h(x))$, alors $f(x) \underset{a}{=} o(h(x))$.

Négligeabilités usuelles

$$\forall \alpha > 0, \; \forall \beta > 0, \; (\ln x)^\beta \underset{+\infty}{=} o(x^\alpha) \text{ et } x^\alpha \underset{+\infty}{=} o(e^x)$$

Équivalence

Soit a réel ou infini. Les fonctions f et g sont *équivalentes* au voisinage de a lorsqu'il existe une fonction α telle que $\lim_{x \to a} \alpha(x) = 1$, et vérifiant $f(x) = \alpha(x) g(x)$ au voisinage de a.

On note : $f(x) \underset{a}{\sim} g(x)$.

Lien entre équivalence et négligeabilité

$$f(x) \underset{a}{\sim} g(x) \Leftrightarrow f(x) \underset{a}{=} g(x) + o(g(x))$$

En d'autres termes :

$$g(x) + o(g(x)) \underset{a}{\sim} g(x)$$

Caractérisation de l'équivalence

Si la fonction g ne s'annule pas au voisinage de a, alors :

$$f(x) \underset{a}{\sim} g(x) \Leftrightarrow \lim_{x \to a} \frac{f(x)}{g(x)} = 1$$

Transitivité

Si $f(x) \underset{a}{\sim} g(x)$ et $g(x) \underset{a}{\sim} h(x)$, alors $f(x) \underset{a}{\sim} h(x)$.

Équivalence et opérations

- Si $f(x) \underset{a}{\sim} g(x)$ et si $h(x) \underset{a}{\sim} k(x)$, alors $f(x)h(x) \underset{a}{\sim} g(x)k(x)$.
- Si $f(x) \underset{a}{\sim} g(x)$, alors : $\forall n \in \mathbb{N}$, $f^n(x) \underset{a}{\sim} g^n(x)$.
- Si $f(x) \underset{a}{\sim} g(x)$, et si de plus f et g ne s'annulent pas au voisinage de a, alors : $\dfrac{1}{f(x)} \underset{a}{\sim} \dfrac{1}{g(x)}$.
- Si $f(x) \underset{a}{\sim} g(x)$, et si de plus f et g sont strictement positives au voisinage de a, alors : $\forall \alpha \in \mathbb{R}$, $f^\alpha(x) \underset{a}{\sim} g^\alpha(x)$.

L'équivalence n'est en général pas compatible avec l'addition et la composition des fonctions.

Polynômes et équivalents

- Un polynôme non nul est équivalent, au voisinage de 0, à son monôme de plus bas degré.

• Un polynôme non nul est équivalent, aux voisinages de $+\infty$ et $-\infty$, à son monôme de plus haut degré.

Équivalents usuels

On désigne par α un nombre réel non nul (indépendant de x).

$e^x - 1 \underset{0}{\sim} x$	$\ln(1+x) \underset{0}{\sim} x$	$(1+x)^\alpha - 1 \underset{0}{\sim} \alpha x$
$\sin x \underset{0}{\sim} x$	$1 - \cos x \underset{0}{\sim} \dfrac{x^2}{2}$	$\tan x \underset{0}{\sim} x$

Équivalents et limites

• Si $f(x) \underset{a}{\sim} g(x)$ et si $\lim\limits_{x\to a} f(x) = \ell$, alors $\lim\limits_{x\to a} g(x) = \ell$ (vrai même si $\ell = +\infty$ ou $\ell = -\infty$).

• Si $\lim\limits_{x\to a} f(x) = \ell$ et si $\ell \neq 0$, alors : $f(x) \underset{a}{\sim} \ell$.

Partie entière

La fonction *partie entière* est la fonction qui à tout réel x associe le seul entier, noté $\lfloor x \rfloor$ ou parfois Ent(x), défini par :

$$\forall x \in \mathbb{R}, \lfloor x \rfloor \leq x < \lfloor x \rfloor + 1$$

On en déduit :

$$\lfloor x \rfloor \underset{\pm\infty}{\sim} x$$

9. CONTINUITÉ

Définition

Soit une fonction f définie en un réel x_0.

• f est *continue* en x_0 lorsque f admet une limite finie en x_0, cette limite étant nécessairement égale à $f(x_0)$.

• f est *continue à droite* en x_0 lorsque $\lim\limits_{x \to x_0^+} f(x) = f(x_0)$.

• f est *continue à gauche* en x_0 lorsque $\lim\limits_{x \to x_0^-} f(x) = f(x_0)$.

Continuité, continuité à droite, à gauche

Une fonction f définie en x_0 est continue en x_0 si, et seulement si, f est continue à gauche et à droite en x_0.

Prolongement par continuité

Soit une fonction f définie au voisinage d'un réel x_0, mais pas en x_0. Si f admet une limite finie ℓ en x_0, alors la fonction g, coïncidant avec f sur D_f, et telle que $g(x_0) = \ell$, est continue en x_0.

La fonction g s'appelle le *prolongement par continuité* de f en x_0.

Continuité sur un intervalle

On dit qu'une fonction est continue sur un intervalle I si elle est continue en tout point de I. L'ensemble des fonctions continues sur l'intervalle I est noté $C^0(I)$.

Continuité et fonctions usuelles

Les fonctions polynomiales (en particulier les fonctions constantes), les fonctions rationnelles (quotient de fonctions polynomiales), la fonction *valeur absolue*, les fonctions *logarithme népérien* et *exponentielle*, les fonctions puissances (en particulier la fonction *racine carrée*), les fonctions *sinus*, *cosinus* et *tangente* ainsi que la fonction *arctan*, sont continues là où elles sont définies.

Continuité et opérations

Si les fonctions f et g sont continues sur un intervalle I, alors :

- $f+g$, λf (où λ est un réel) et fg sont continues sur I.
- Si, de plus, g ne s'annule pas sur I, alors $\frac{f}{g}$ est continue sur I.

Continuité et composition

Si f est continue sur l'intervalle I, à valeurs dans l'intervalle J, et si g est continue sur J, alors $g \circ f$ est continue sur I.

Théorème des valeurs intermédiaires

Soit une fonction f continue sur $[a, b]$, avec $a < b$. Quel que soit le réel λ compris entre $f(a)$ et $f(b)$, il existe (au moins) un réel c appartenant à $[a, b]$ tel que $f(c) = \lambda$.

Conséquence :

L'image d'un intervalle par une fonction continue est un intervalle.

Image d'un segment

Si une fonction f est continue sur le segment $\left[a,b\right]$, alors f est bornée sur $\left[a,b\right]$ et atteint ses bornes.

Théorème de la bijection

Si une fonction f est continue et strictement monotone sur un intervalle I, alors f définit une bijection de l'intervalle I sur l'intervalle $J = f(I)$, image de I par f.

En outre, la bijection réciproque f^{-1} (bijection de J sur I) est continue sur J, possède le même sens de variation que f, et les courbes représentatives de f et f^{-1} dans un repère orthonormé sont symétriques par rapport à la droite d'équation $y = x$.

10. DÉRIVABILITÉ

Définition

Soit une fonction f définie en un réel x_0.

• La fonction f est *dérivable* en x_0 si $\dfrac{f(x)-f(x_0)}{x-x_0}$ a une limite finie lorsque x tend vers x_0. Cette limite est alors notée $f'(x_0)$ et s'appelle *nombre dérivé* de f en x_0.

• La fonction f est *dérivable à droite* (ou *à gauche*) en x_0 lorsque $\dfrac{f(x)-f(x_0)}{x-x_0}$ admet une limite à droite (ou à gauche) en x_0.

Cette limite est alors appelée *nombre dérivé de f à droite* (ou *à gauche*) *en* x_0, que l'on note $f'_d(x_0)$ (ou $f'_g(x_0)$).

Lien entre dérivée, dérivée à droite, à gauche

La fonction f est dérivable en x_0 si, et seulement si, f est dérivable à droite et à gauche en x_0, et si de plus $f'_d(x_0)=f'_g(x_0)$.

Développement limité d'ordre 1

La fonction f est dérivable en x_0 si, et seulement si, il existe un réel a tel que, au voisinage de x_0 :

$$f(x) \underset{x_0}{=} f(x_0)+a(x-x_0)+o(x-x_0)$$

Dans ce cas, on a : $a=f'(x_0)$. L'égalité est alors appelée *développement limité d'ordre* 1 *de f en* x_0.

Dérivées et tangentes

• Si la fonction f est dérivable en x_0, alors (C_f) admet une tangente au point $(x_0, f(x_0))$ d'équation :

$$y=f'(x_0)(x-x_0)+f(x_0)$$

• Si la fonction f n'est pas dérivable en x_0 mais admet une dérivée à gauche (ou à droite) en x_0, alors on parle de *demi tangente*.

• Si $\dfrac{f(x)-f(x_0)}{x-x_0}$ a une limite infinie lorsque x tend vers x_0, alors (C_f) admet une tangente *verticale* au point $(x_0, f(x_0))$.

Dérivabilité des fonctions usuelles

Les fonctions polynomiales, rationnelles, trigonométriques, *exponentielle* et *logarithme*, sont dérivables là où elles sont définies. Les fonctions *valeur absolue*, *racine carrée*, $x \mapsto \sqrt[n]{x}$ (avec n entier naturel non nul), ne sont pas dérivables en 0.

Fonction Arctan

La fonction *Arctan* est la bijection réciproque de la restriction de la fonction *tangente* à l'intervalle $]-\pi/2\,,\pi/2[$. La fonction *Arctan* est dérivable sur $\mathbb{R}$ et bijective de $\mathbb{R}$ sur $]-\pi/2\,,\pi/2[$.

Dérivées des fonctions usuelles

$f(x)$	$f'(x)$
x^α ($\alpha \in \mathbb{R}^*$)	$\alpha x^{\alpha-1}$
$\sqrt{x}$	$\dfrac{1}{2\sqrt{x}}$
a^x	$(\ln a)a^x$
$\ln\lvert x\rvert$	$\dfrac{1}{x}$

$f(x)$	$f'(x)$
$\cos x$	$-\sin x$
$\tan x$	$1+\tan^2 x = \dfrac{1}{\cos^2 x}$
$\sin x$	$\cos x$
$\operatorname{Arctan} x$	$\dfrac{1}{1+x^2}$

Si u et v sont des fonctions dérivables :

$(u+\lambda v)' = u' + \lambda v'$	$(u \circ v)' = (u' \circ v) \times v'$	$(uv)' = u'v + uv'$
$\left(\dfrac{1}{u}\right)' = -\dfrac{u'}{u^2}$	$\left(\dfrac{u}{v}\right)' = \dfrac{u'v - uv'}{v^2}$	$\left(\sqrt{u}\right)' = \dfrac{u'}{2\sqrt{u}}$
$(u^\alpha)' = \alpha u' u^{\alpha-1}$	$(\ln\lvert u\rvert)' = \dfrac{u'}{u}$	$(\operatorname{Arctan} u)' = \dfrac{u'}{1+u^2}$
$(e^u)' = u'e^u$	$(\sin u)' = u'\cos u$	$(\cos u)' = -u'\sin u$
$(\tan u)' = u'(1+\tan^2(u)) = \dfrac{u'}{\cos^2(u)}$		

Dérivée d'une bijection réciproque

Soit une fonction f bijective d'un intervalle I sur un intervalle J, et dérivable sur I. Soit y un élément de J. Si f' ne s'annule pas en $f^{-1}(y)$, alors f^{-1} est dérivable en y et on a :

$$(f^{-1})'(y) = \frac{1}{f'(f^{-1}(y))}$$

Dérivée et sens de variation sur un intervalle I

- Si pour tout x de I, $f'(x) \geq 0$ alors f est croissante sur I. Si de plus f' ne s'annule qu'en un nombre fini de points, alors f est strictement croissante sur I.
- Si pour tout x de I, $f'(x) \leq 0$ alors f est décroissante sur I. Si de plus f' ne s'annule qu'en un nombre fini de points, alors f est strictement décroissante sur I.
- Si, pour tout x de I, on a $f'(x) = 0$, alors f est constante sur I.

Théorème de Rolle

Soit une fonction f continue sur $[a,b]$ et dérivable sur $]a,b[$. Si $f(a) = f(b)$, alors il existe un réel c de $]a,b[$ tel que $f'(c) = 0$.

Théorème des accroissements finis

Si une fonction f est continue sur $[a,b]$ et dérivable sur $]a,b[$, alors il existe un réel c de $]a,b[$ tel que :

$$f(b) - f(a) = (b-a) f'(c)$$

Inégalités des accroissements finis

Si f est dérivable sur un intervalle I et s'il existe deux réels m et M tels que, pour tout réel x de I, on a $m \leq f'(x) \leq M$, alors :

$$\forall (a, b) \in I^2,\ a \leq b,\ \ m(b-a) \leq f(b) - f(a) \leq M(b-a)$$

Si f est dérivable sur un intervalle I et s'il existe un réel k tel que, pour tout réel x de I, on a $\left|f'(x)\right| \leq k$, alors :

$$\forall (a, b) \in I^2, \left|f(b) - f(a)\right| \leq k\left|b-a\right|$$

Formule de Leibniz

$$\forall (f,g) \in \left(C^n(I)\right)^2, \ \forall x \in I, \ (fg)^{(n)}(x) = \sum_{k=0}^{n} \binom{n}{k} f^{(k)}(x) g^{(n-k)}(x)$$

Point critique

Soit une fonction f dérivable sur un intervalle I. On appelle *point critique* de f tout réel x de I tel que $f'(x) = 0$.

Condition nécessaire d'extremum

Si f est une fonction est dérivable sur un intervalle **ouvert** I et si f possède un extremum local sur I, alors c'est en un point critique.

Condition suffisante d'extremum

Soit une fonction f de classe C^2 sur un intervalle **ouvert** I et x_0 un point critique de f.
Si $f''(x_0) > 0$, alors f possède un minimum local en x_0 .
Si $f''(x_0) < 0$, alors f possède un maximum local en x_0 .
Si $f''(x_0) = 0$, alors on ne peut rien conclure.

Dérivée première et extremum

Si la fonction f est dérivable sur $]a, b[$, alors elle admet un extremum local en un réel x_0 de $]a, b[$ si, et seulement si :

$$f'(x_0) = 0 \text{ et } f' \text{ change de signe en } x_0$$

Convexité, concavité

Une fonction f est *convexe* sur I lorsque, pour tout segment $[a,b]$ inclus dans I, et pour tout t de $[0,1]$, on a :

$$f(ta + (1-t)b) \leq t\,f(a) + (1-t)\,f(b)$$

Ceci signifie que la portion de (C_f) sur I est sous ses cordes.

Une fonction f est *concave* sur I lorsque, avec les mêmes notations, l'inégalité finale est :

$$f(ta+(1-t)b) \geq t f(a)+(1-t) f(b)$$

Caractérisations de la convexité

• Si une fonction f est de classe C^1 sur un intervalle I, alors :

f est convexe sur $I \Leftrightarrow f'$ est croissante sur I

$\Leftrightarrow$ la portion de (C_f) sur I est au-dessus de chacune de ses tangentes.

• Si une fonction f est de classe C^2 sur I, alors :

$$f \text{ est convexe sur } I \Leftrightarrow \forall x \in I,\ f''(x) \geq 0$$

Généralisation de l'inégalité de convexité

Soit n un entier naturel non nul, f une fonction convexe sur l'intervalle I et $(\lambda_1,\dots,\lambda_n)$ un n-uplet d'éléments de $[0,1]$ tels que $\sum_{k=1}^{n} \lambda_k = 1$. On a : $\forall (x_1,\dots,x_n) \in I^n,\ f\left(\sum_{k=1}^{n} \lambda_k x_k\right) \leq \sum_{k=1}^{n} \lambda_k f(x_k)$.

Point d'inflexion

On dit que le point $(x_0, f(x_0))$ est un *point d'inflexion* de la courbe (C_f) lorsque (C_f) change de concavité en ce point.

Caractérisation de l'inflexion

Si f est de classe C^2 sur un intervalle d'extrémités a et b et si x_0 est dans $]a,b[$, alors (C_f) a un point d'inflexion en $(x_0, f(x_0))$ si, et seulement si, f'' s'annule en changeant de signe en x_0.

"Inégalités de convexité" classiques

Convexité de la fonction exponentielle : $\forall x \in \mathbb{R},\ e^x \geq 1+x$.

Concavité de la fonction logarithme : $\forall x > -1,\ \ln(1+x) \leq x$.

Concavité de la fonction sinus : $\forall x \in \mathbb{R}_+,\ \sin x \leq x$.

11. SUITES

Majorants, minorants

- La suite (u_n) est *majorée* si : $\exists M \in \mathbb{R},\ \forall n \in \mathbb{N},\ u_n \leq M$.
- La suite (u_n) est *minorée* si : $\exists m \in \mathbb{R},\ \forall n \in \mathbb{N},\ u_n \geq m$.
- La suite (u_n) est *bornée* si elle est à la fois majorée et minorée.

Sens de variation

- La suite (u_n) est *croissante* si : $\forall n \in \mathbb{N},\ u_{n+1} \geq u_n$.
- La suite (u_n) est *décroissante* si : $\forall n \in \mathbb{N},\ u_{n+1} \leq u_n$.
- On définit la stricte croissance et la stricte décroissance en remplaçant les inégalités larges par des inégalités strictes.
- La suite (u_n) est *monotone* si elle est croissante ou décroissante.
- La suite (u_n) est *constante* si : $\forall n \in \mathbb{N},\ u_{n+1} = u_n$.
- La suite (u_n) est *stationnaire* si : $\exists n_0 \in \mathbb{N},\ \forall n \geq n_0,\ u_{n+1} = u_n$.

Convergence

La suite (u_n) *converge* vers $\ell \in \mathbb{R}$, et on note $\lim\limits_{n \to +\infty} u_n = \ell$, si :

$$\forall \varepsilon > 0,\ \exists n_0 \in \mathbb{N},\ \forall n \geq n_0,\ |u_n - \ell| \leq \varepsilon$$

Une suite qui n'est pas convergente est dite *divergente*.

Convergence et suite bornée

Toute suite convergente est bornée (la réciproque est fausse).

Limite infinie

On dit que (u_n) tend vers $+\infty$, et on écrit $\lim\limits_{n \to +\infty} u_n = +\infty$, lorsque :

$$\forall A > 0,\ \exists n_0 \in \mathbb{N},\ \forall n \geq n_0, u_n \geq A$$

On dit que (u_n) tend vers $-\infty$, et on écrit $\lim\limits_{n \to +\infty} u_n = -\infty$, lorsque :

$$\forall B < 0,\ \exists n_0 \in \mathbb{N},\ \forall n \geq n_0, u_n \leq B$$

Convergence et opérations

$\lim\limits_{n\to+\infty} u_n$	$-\infty$	$+\infty$	$-\infty$	ℓ	ℓ
$\lim\limits_{n\to+\infty} v_n$	$-\infty$	$+\infty$	$+\infty$	$+\infty$	$-\infty$
$\lim\limits_{n\to+\infty} (u_n+v_n)$	$-\infty$	$+\infty$	FI	$+\infty$	$-\infty$

$\lim\limits_{n\to+\infty} u_n$	$\pm\infty$	$\pm\infty$	$\pm\infty$
$\lim\limits_{n\to+\infty} v_n$	$\pm\infty$	$\ell\neq 0$	0
$\lim\limits_{n\to+\infty} (u_n v_n)$	$\pm\infty$	$\pm\infty$	FI
FI : forme indéterminée	la règle des signes donne le signe de la limite du produit		

Limite de l'inverse d'une suite

$\lim\limits_{n\to+\infty} u_n$	$\pm\infty$	$\ell\neq 0$	0^-	0^+
$\lim\limits_{n\to+\infty} \dfrac{1}{u_n}$	0	$\dfrac{1}{\ell}$	$-\infty$	$+\infty$

Théorème de la limite monotone

Si (u_n) est **croissante** et **majorée**, alors (u_n) est **convergente**.

Si (u_n) est **croissante mais non majorée**, alors : $\lim\limits_{n\to+\infty} u_n = +\infty$.

Si (u_n) est **décroissante** et **minorée**, alors (u_n) est **convergente**.

Si (u_n) est **décroissante mais non minorée**, alors : $\lim\limits_{n\to+\infty} u_n = -\infty$.

Théorème de prolongement des inégalités

Soit deux suites (u_n) et (v_n) telles que $u_n \leq v_n$, au moins à partir d'un certain rang.

Si (u_n) converge vers ℓ_1 et (v_n) converge vers ℓ_2, alors $\ell_1 \leq \ell_2$.

Si l'on a $u_n < v_n$ à la place de $u_n \leq v_n$, la conclusion reste $\ell_1 \leq \ell_2$.

Théorème d'encadrement

Soit trois suites (u_n), (v_n) et (w_n) telles que $v_n \leq u_n \leq w_n$, au moins à partir d'un certain rang. Si (v_n) et (w_n) convergent vers la même limite ℓ, alors (u_n) converge et $\lim\limits_{n \to +\infty} u_n = \ell$.

Théorème de comparaison

Soit deux suites (u_n) et (v_n) telles que $u_n \leq v_n$, au moins à partir d'un certain rang.

- Si $\lim\limits_{n \to +\infty} u_n = +\infty$, alors $\lim\limits_{n \to +\infty} v_n = +\infty$.
- Si $\lim\limits_{n \to +\infty} v_n = -\infty$, alors $\lim\limits_{n \to +\infty} u_n = -\infty$.

Convergence et composition

Soit une fonction f de $\mathbb{R}$ dans $\mathbb{R}$ et une suite (u_n).

Si $\lim\limits_{n \to +\infty} u_n = a$ et si $\lim\limits_{x \to a} f(x) = \ell$, alors $\lim\limits_{n \to +\infty} f(u_n) = \ell$.

Théorème du point fixe

Soit une suite (u_n) vérifiant $u_{n+1} = f(u_n)$. Si $\lim\limits_{n \to +\infty} u_n = \ell$ et si f est continue en ℓ, alors on a : $f(\ell) = \ell$.

Suites adjacentes

On dit que deux suites (u_n) et (v_n) sont *adjacentes* lorsque l'une est croissante, l'autre décroissante, et $\lim\limits_{n \to +\infty} (u_n - v_n) = 0$.

Convergence des suites adjacentes

Deux suites adjacentes (u_n) et (v_n) sont convergentes et elles ont la même limite ℓ.
Si la suite (u_n) est croissante et si la suite (v_n) est décroissante, alors on a : $\forall n \in \mathbb{N}$, $u_n \leq \ell \leq v_n$.

12. NÉGLIGEABILITÉ ET ÉQUIVALENCE (SUITES)

Négligeabilité

La suite (u_n) est *négligeable* devant la suite (v_n) lorsqu'il existe une suite (ε_n) qui converge vers 0 et qui vérifie $u_n = \varepsilon_n v_n$ (à partir d'un certain rang). On note : $u_n \underset{+\infty}{=} o(v_n)$ ou $u_n \underset{n\to+\infty}{=} o(v_n)$.

Caractérisation de la négligeabilité

Si au voisinage de $+\infty$, $v_n \neq 0$, alors :

$$u_n \underset{+\infty}{=} o(v_n) \Leftrightarrow \lim_{n\to+\infty} \frac{u_n}{v_n} = 0$$

Négligeabilité et opérations

- Si $u_n \underset{+\infty}{=} o(v_n)$ et $v_n \underset{+\infty}{=} o(w_n)$, alors : $u_n \underset{+\infty}{=} o(w_n)$.
- Si $u_n \underset{+\infty}{=} o(w_n)$ et $v_n \underset{+\infty}{=} o(w_n)$, alors :

$$\forall (a,b) \in \mathbb{R}^2,\ au_n + bv_n \underset{+\infty}{=} o(w_n).$$

Négligeabilités usuelles

$$\forall (a,b) \in \left(\mathbb{R}_+^*\right)^2, \forall q > 1, (\ln n)^b \underset{+\infty}{=} o(n^a),\ n^a = o(q^n) \text{ et } q^n = o(n!)$$

Équivalence

Les suites (u_n) et (v_n) sont *équivalentes* s'il existe une suite (α_n) qui converge vers 1 et qui vérifie $u_n = \alpha_n v_n$. On note : $u_n \underset{+\infty}{\sim} v_n$.

Lien entre équivalence et négligeabilité

$$u_n \underset{+\infty}{\sim} v_n \Leftrightarrow u_n \underset{+\infty}{=} v_n + o(v_n)$$

En d'autres termes :

$$v_n + o(v_n) \underset{+\infty}{\sim} v_n$$

Caractérisation de l'équivalence

Si au voisinage de $+\infty$, $v_n \neq 0$, alors :

$$u_n \underset{+\infty}{\sim} v_n \Leftrightarrow \lim_{n \to +\infty} \frac{u_n}{v_n} = 1$$

Équivalence et opérations

- Si $u_n \underset{+\infty}{\sim} v_n$ et si $t_n \underset{+\infty}{\sim} w_n$, alors : $u_n t_n \underset{+\infty}{\sim} v_n w_n$.
- Si $u_n \underset{+\infty}{\sim} v_n$ et si $u_n \neq 0$ et $v_n \neq 0$, alors $\dfrac{1}{u_n} \underset{+\infty}{\sim} \dfrac{1}{v_n}$.
- Si $u_n \underset{+\infty}{\sim} v_n$, si $u_n > 0$ et $v_n > 0$, alors quel que soit le réel a strictement positif : $u_n{}^a \underset{+\infty}{\sim} v_n{}^a$ (avec a indépendant de n).

L'équivalence n'est en général pas compatible avec l'addition des suites et la composition par une fonction.

Équivalents usuels

On désigne par α un réel non nul, indépendant de n.

Si $\lim\limits_{n \to +\infty} u_n = 0$, alors :

$\ln(1+u_n) \underset{+\infty}{\sim} u_n$	$e^{u_n} - 1 \underset{+\infty}{\sim} u_n$	$(1+u_n)^\alpha - 1 \underset{+\infty}{\sim} \alpha u_n$
$\sin u_n \underset{+\infty}{\sim} u_n$	$1 - \cos u_n \underset{+\infty}{\sim} \frac{1}{2} u_n^2$	$\tan u_n \underset{+\infty}{\sim} u_n$

Équivalents et limites

- Si $u_n \underset{+\infty}{\sim} v_n$ et si $\lim\limits_{n \to +\infty} u_n = \ell$, alors $\lim\limits_{n \to +\infty} v_n = \ell$.
- Si (u_n) converge vers un réel ℓ **non nul**, alors $u_n \underset{+\infty}{\sim} \ell$.

13. SUITES USUELLES

Suites arithmétiques

On dit que la suite (u_n) est *arithmétique* s'il existe un réel r, indépendant de n, appelé *raison* de (u_n), tel que :

$$\forall n \in \mathbb{N},\ u_{n+1} = u_n + r$$

Forme explicite d'une suite arithmétique

Soit une suite arithmétique (u_n) de raison r. On a alors :

$$\forall n \in \mathbb{N},\ u_n = u_0 + nr$$

Plus généralement, on a :

$$\forall p \in \mathbb{N},\ \forall n \geq p,\ u_n = u_p + (n-p)r$$

Suites géométriques

On dit que la suite (u_n) est *géométrique* s'il existe un réel q, indépendant de n, appelé *raison* de (u_n), tel que :

$$\forall n \in \mathbb{N},\ u_{n+1} = q u_n$$

Forme explicite d'une suite géométrique

Soit une suite géométrique (u_n) de raison q. On a alors :

$$\forall n \in \mathbb{N},\ u_n = u_0 q^n$$

Plus généralement, on a :

$$\forall p \in \mathbb{N},\ \forall n \geq p,\ u_n = u_p q^{n-p}$$

Convergence de la suite (q^n)

$\lvert q \rvert < 1$	$q = 1$	$q > 1$	$q \leq -1$
$\lim\limits_{n \to +\infty} q^n = 0$	$\lim\limits_{n \to +\infty} q^n = 1$	$\lim\limits_{n \to +\infty} q^n = +\infty$	(q^n) diverge

Suites arithmético-géométriques

La suite $(u_n)_{n\in\mathbb{N}}$ est *arithmético-géométrique* lorsqu'il existe deux réels a et b, indépendants de n, avec $a \neq 1$, tels que :

$$\forall n \in \mathbb{N},\ u_{n+1} = au_n + b$$

Étude d'une suite arithmético-géométrique

Si x est le réel vérifiant $x = ax + b$, alors la suite $(u_n - x)_{n\in\mathbb{N}}$ est géométrique de raison a, ce qui permet d'obtenir $u_n - x$, puis u_n.

Suites récurrentes linéaires d'ordre 2 (SRL 2)

La suite (u_n) vérifie une relation de récurrence linéaire d'ordre 2 lorsqu'il existe deux réels a et b, indépendants de n, tels que :

$$\forall n \in \mathbb{N},\ u_{n+2} = au_{n+1} + bu_n$$

(E) : $x^2 - ax - b = 0$ est appelée *équation caractéristique* de (u_n).

Forme explicite des SRL 2

- Si (E) admet deux solutions réelles r_1 et r_2 distinctes, alors :

$$\exists(\lambda, \mu) \in \mathbb{R}^2,\ \forall n \in \mathbb{N},\ u_n = \lambda r_1^n + \mu r_2^n$$

- Si (E) admet une seule solution r, alors :

$$\exists(\lambda, \mu) \in \mathbb{R}^2,\ \forall n \in \mathbb{N},\ u_n = (\lambda + \mu n)r^n$$

- Si (E) admet deux solutions complexes distinctes $\rho e^{i\theta}$ et $\rho e^{-i\theta}$:

$$\exists(\lambda, \mu) \in \mathbb{R}^2,\ \forall n \in \mathbb{N},\ u_n = \rho^n(\lambda\cos(n\theta) + \mu\sin(n\theta))$$

&

Nous devons plutôt nous fier au calcul algébrique
qu'à notre jugement

Leonhard Euler

14. SÉRIES

Somme partielle

Soit une suite (u_n). On appelle *suite des sommes partielles* de la série Σu_n la suite (S_n) définie par :

$$\forall n \in \mathbb{N},\ S_n = \sum_{k=0}^{n} u_k$$

Nature d'une série

La série Σu_n *converge* lorsque la suite (S_n) des sommes partielles associée converge. Dans ce cas, la limite de (S_n) est appelée *somme de la série* Σu_n. On a donc, en cas de convergence :

$$\sum_{k=0}^{+\infty} u_k = \lim_{n \to +\infty} \sum_{k=0}^{n} u_k$$

Dans le cas contraire, on dit que la série *diverge*.

Condition nécessaire de convergence

Si la série Σu_n converge, alors $\lim\limits_{n \to +\infty} u_n = 0$.

Séries et combinaisons linéaires

Si les séries Σu_n et Σv_n convergent, alors quels que soient les réels a et b, la série $\Sigma(au_n + bv_n)$ converge. Dans ce cas, on a :

$$\sum_{n=0}^{+\infty} (au_n + bv_n) = a\sum_{n=0}^{+\infty} u_n + b\sum_{n=0}^{+\infty} v_n$$

Reste d'une série convergente

Si la série Σu_n converge, alors on a : $\lim\limits_{n \to +\infty} \sum\limits_{k=n+1}^{+\infty} u_k = 0$.

La quantité $\sum\limits_{k=n+1}^{+\infty} u_k$ est appelée *reste d'ordre n de la série* Σu_n.

Séries télescopiques

Pour tout entier naturel n non nul, on a : $\sum_{k=0}^{n-1}\left(u_{k+1}-u_k\right)=u_n-u_0$.

Par conséquent :

La série de terme général $u_{n+1}-u_n$ converge si, et seulement si, la suite $\left(u_n\right)$ converge.

Si c'est le cas, en notant $\ell=\lim_{n\to+\infty} u_n$, on a : $\sum_{k=0}^{+\infty}\left(u_{k+1}-u_k\right)=\ell-u_0$.

Séries absolument convergentes

La série Σu_n *converge absolument* lorsque la série $\Sigma|u_n|$ converge.

Toute série absolument convergente est convergente.

Absolue convergence et sommation

Si une série converge absolument, alors on ne change ni sa nature, ni sa somme, en changeant l'ordre de sommation de ses termes.

Somme partielle dans le cas où $u_n \geq 0$

La suite (S_n) des sommes partielles associée à une série Σu_n à termes positifs est croissante.

- Si (S_n) est majorée alors la série Σu_n converge.
- Sinon, la série diverge et $\lim_{n\to+\infty} S_n=+\infty$.

Critère d'équivalence

Si $u_n \underset{+\infty}{\sim} v_n$ et si les séries Σu_n et Σv_n sont à termes positifs (à partir d'un certain rang), alors elles sont de même nature.

Critère de comparaison

Supposons que $0 \leq u_n \leq v_n$ (à partir d'un certain rang).

- Si la série Σv_n converge, alors la série Σu_n converge aussi.
- Si la série Σu_n diverge, alors la série Σv_n diverge aussi.

Critère de négligeabilité

Si $u_n \underset{+\infty}{=} o(v_n)$ et si la série Σv_n est à termes positifs et convergente alors la série Σu_n converge.

Séries géométriques

Les séries $\sum q^k$, $\sum kq^{k-1}$ et $\sum k(k-1)q^{k-2}$ sont appelées *séries géométriques* (*dérivées d'ordre* 1 et 2 pour les deux dernières). Elles convergent si et seulement si $|q|<1$. On a alors :

$\sum_{k=0}^{+\infty} q^k = \frac{1}{1-q}$	$\sum_{k=1}^{+\infty} kq^{k-1} = \frac{1}{(1-q)^2}$	$\sum_{k=2}^{+\infty} k(k-1)q^{k-2} = \frac{2}{(1-q)^3}$

Séries de Riemann

On appelle *série de Riemann* toute série $\sum \frac{1}{n^\alpha}$, où α est un réel ne dépendant pas de n. Elle converge si, et seulement si : $\alpha > 1$.

Séries exponentielles

On appelle *série exponentielle* toute série $\sum \frac{x^n}{n!}$, où x est un réel ne dépendant pas de n. Elle converge pour tout réel x, et on a :

$$\sum_{n=0}^{+\infty} \frac{x^n}{n!} = e^x$$

Convergence absolue de Σu_i, $i \in I$ (I dénombrable)

Pour une bijection φ de $\mathbb{N}$ sur I fixée, si la série $\sum_{n\in\mathbb{N}} u_{\varphi(n)}$ converge absolument alors sa somme ne dépend pas de la bijection φ choisie.

Dans ce cas, on dit que la série $\sum_{i\in I} u_i$ converge absolument (on dit parfois que la famille $(u_i)_{i\in I}$ est sommable) et sa somme est définie par $\sum_{i\in I} u_i = \sum_{n\in\mathbb{N}} u_{\varphi(n)}$, quelle que soit la bijection φ choisie.

Critère de comparaison

Le programme stipule que « *l'on admettra que les théorèmes ou les techniques classiques concernant les séries s'étendent dans le cadre des familles sommables* ».

Sommation par paquets

Lorsqu'une série converge absolument, alors on peut calculer sa somme en effectuant n'importe quelle partition de l'ensemble I des indices puis en sommant sur chaque classe (paquet) de la partition, et finir en sommant le tout.
En d'autres termes, si I est dénombrable et si $I = \bigcup_{j\in J} I_j$, où les ensembles I_j sont dénombrables, alors on a : $\sum_{i\in I} u_i = \sum_{j\in J} \sum_{k\in I_j} u_k$.

Série double

On appelle *série double* une série indexée sur $\mathbb{N}\times\mathbb{N}$ ou sur $I\times J$ où I et J sont deux sous-ensembles dénombrables de $\mathbb{N}$.

Convergence des séries doubles

Si l'une des trois sommes $\sum_{i=0}^{+\infty}\sum_{j=0}^{+\infty} u_{i,j}$, $\sum_{j=0}^{+\infty}\sum_{i=0}^{+\infty} u_{i,j}$ ou $\sum_{k=0}^{+\infty}\sum_{i+j=k} u_{i,j}$, est la somme d'une série absolument convergente, alors la série double définie par la famille $(u_{i,j})_{(i,j)\in\mathbb{N}^2}$ est absolument convergente, et on a :

$$\sum_{i=0}^{+\infty}\sum_{j=0}^{+\infty} u_{i,j} = \sum_{j=0}^{+\infty}\sum_{i=0}^{+\infty} u_{i,j} = \sum_{k=0}^{+\infty}\sum_{i+j=k} u_{i,j}$$

15. INTÉGRATION SUR UN SEGMENT

Intégrale et primitive

Soit une fonction f continue sur un intervalle I et F une primitive de f sur I. On a l'égalité fondamentale suivante :

$$\forall (a,b) \in I^2,\ \int_a^b f(x)dx = F(b) - F(a)$$

Tableaux des primitives

$f(x)$	$F(x)$
a $(a \in \mathbb{R})$	ax
x^α $(\alpha \neq -1)$	$\dfrac{x^{\alpha+1}}{\alpha+1}$
$\cos x$	$\sin x$
e^x	e^x
$\ln x$	$x \ln x - x$

$f(x)$	$F(x)$
$\dfrac{1}{x}$	$\ln\lvert x \rvert$
$\dfrac{1}{\sqrt{x}}$	$2\sqrt{x}$
$\sin x$	$-\cos x$
a^x $a > 0$	$\dfrac{a^x}{\ln a}$
$\dfrac{1}{1+x^2}$	$\operatorname{Arc}\tan x$

f	F
$au' + bv'$ $(a,b) \in \mathbb{R}^2$	$au + bv$
$u'u^\alpha$ $(\alpha \neq -1)$	$\dfrac{u^{\alpha+1}}{\alpha+1}$
$u' \cos u$	$\sin u$
$u'e^u$	e^u
Dans ce tableau u et v sont des fonctions	

f	F
$\dfrac{u'}{u}$	$\ln\lvert u \rvert$
$\dfrac{u'}{\sqrt{u}}$	$2\sqrt{u}$
$u' \sin u$	$-\cos u$
$u'a^u$ $(a > 0)$	$\dfrac{a^u}{\ln a}$
$\dfrac{u'}{1+u^2}$	$\operatorname{Arc}\tan u$

Linéarité de l'intégration

Soit deux fonctions *f* et *g* continues sur le segment $[a,b]$. On a :

$$\forall(\lambda,\mu)\in\mathbb{R}^2,\ \int_a^b(\lambda f(x)+\mu g(x))dx=\lambda\int_a^b f(x)dx+\mu\int_a^b g(x)dx$$

Relation de Chasles

Soit une fonction *f* continue sur un intervalle *I*.

$$\forall(a,b,c)\in I^3,\ \int_a^b f(x)dx=\int_a^c f(x)dx+\int_c^b f(x)dx$$

Positivité de l'intégrale

Si *f* est continue, positive sur $[a,b]$, avec $a\leq b$, alors on a :

$$\int_a^b f(x)dx\geq 0$$

Cas de stricte positivité

- Si une fonction *f* est continue, positive sur $[a,b]$, avec $a<b$, et si *f* n'est pas la fonction nulle, alors on a : $\int_a^b f(x)dx>0$.
- Si une fonction *f* est continue, positive sur $[a,b]$, si $a<b$, et si $\int_a^b f(x)dx=0$, alors *f* est identiquement nulle sur $[a,b]$.

Croissance de l'intégrale

Soit deux fonctions *f* et *g* continues sur $[a,b]$, avec $a\leq b$.
Si pour tout réel *x* de $[a,b]$, on a $f(x)\leq g(x)$, alors :

$$\int_a^b f(x)dx\leq\int_a^b g(x)dx$$

Inégalité triangulaire

Si *a* et *b* sont deux réels tels que $a\leq b$ et si *f* est une fonction continue sur $[a,b]$, alors on a : $\left|\int_a^b f(t)dt\right|\leq\int_a^b|f(t)|dt$

Primitive qui s'annule en *a*

Soit une fonction f continue sur un intervalle I, a un élément de I et G la fonction définie par : $\forall x \in I,\ G(x) = \int_a^x f(t)dt$.

La fonction G est de classe C^1 sur I et c'est **la** primitive de f qui s'annule en a.

Sommes de Riemann

Soit une fonction f continue sur $[a,b]$ et un entier naturel n non nul. On appelle *sommes de Riemann* associées à f sur $[a,b]$ les sommes

$$S_n = \frac{b-a}{n}\sum_{k=0}^{n-1} f(a+k\frac{b-a}{n}) \quad \text{et} \quad T_n = \frac{b-a}{n}\sum_{k=1}^{n} f(a+k\frac{b-a}{n}).$$

On a alors :

$$\lim_{n\to+\infty} S_n = \lim_{n\to+\infty} T_n = \int_a^b f(t)dt$$

Intégration par parties

Pour toutes fonctions u et v de classe C^1 sur $[a,b]$, on a :

$$\int_a^b u'(x)v(x)dx = \left[u(x)v(x)\right]_a^b - \int_a^b u(x)v'(x)dx$$

Changement de variable

Soit une fonction f continue sur un intervalle I, et φ une fonction de classe C^1 sur $[a,b]$, telle que $\varphi([a,b]) \subset I$. On a alors :

$$\int_a^b f(\varphi(x))\varphi'(x)dx = \int_{\varphi(a)}^{\varphi(b)} f(u)du$$

Fonctions continues par morceaux

Soit une fonction f continue par morceaux sur $[a,b]$ et $x_1, \ldots, x_n$ ses points de discontinuité sur $[a, b]$, avec $x_1 < \ldots < x_n$. L'intégrale $\int_a^b f(x)dx$ se calcule grâce à la relation de Chasles en ajoutant les intégrales $\int_a^{x_1} f(x)dx$, $\int_{x_1}^{x_2} f(x)dx$, …, $\int_{x_{n-1}}^{x_n} f(x)dx$ et $\int_{x_n}^b f(x)dx$.

16. FORMULES DE TAYLOR DÉVELOPPEMENTS LIMITÉS

Formule de Taylor avec reste intégral

Soit n un entier naturel. Si une fonction f est de classe C^{n+1} sur un intervalle I, et si a et b sont dans I ($a \leq b$ ou $b \leq a$), alors :

$$f(b) = \sum_{k=0}^{n} \frac{f^{(k)}(a)}{k!}(b-a)^k + \int_a^b \frac{(b-t)^n}{n!} f^{(n+1)}(t)dt$$

On dit que la formule précédente est écrite à l'ordre n.

Inégalité de Taylor-Lagrange à l'ordre *n*

Si f est de classe C^{n+1} sur I, si a et b sont dans I ($a \leq b$ ou $b \leq a$), si de plus, pour tout réel x de I, on a $\left| f^{(n+1)}(x) \right| \leq M$, alors :

$$\left| f(b) - \sum_{k=0}^{n} \frac{f^{(k)}(a)}{k!}(b-a)^k \right| \leq \frac{M \left| b-a \right|^{n+1}}{(n+1)!}$$

Formule de Taylor-Young à l'ordre *n*

Si f est de classe C^n sur I, et si a est un réel de I alors, lorsque x est au voisinage de a, on a :

$$f(x) \underset{a}{=} \sum_{k=0}^{n} \frac{f^{(k)}(a)}{k!}(x-a)^k + o\left((x-a)^n\right)$$

En posant $h = x - a$, on obtient, lorsque h est au voisinage de 0 :

$$f(a+h) \underset{0}{=} f(a) + f'(a)\frac{h}{1!} + f''(a)\frac{h^2}{2!} + \cdots + f^{(n)}(a)\frac{h^n}{n!} + o(h^n)$$

Développement limité d'ordre *n*

On dit qu'une fonction f définie au voisinage d'un réel x_0 admet un *développement limité d'ordre n* en x_0 lorsqu'il existe $n+1$ réels $a_0, a_1, \ldots, a_n$ tels que, au voisinage de x_0 :

$$f(x) \underset{x_0}{=} \underbrace{a_0 + a_1(x-x_0) + a_2(x-x_0)^2 + \cdots + a_n(x-x_0)^n}_{\text{ce polynôme est appelé la } \textit{partie régulière} \text{ du développement limité}} + o((x-x_0)^n)$$

Unicité

Si f admet un développement limité, alors il est unique.

Existence

Si une fonction est de classe C^n au voisinage de x_0, alors elle admet un développement limité d'ordre n en x_0, donné par la formule de Taylor-Young.

Développement limité et continuité

Une fonction f est continue en x_0 si, et seulement si, au voisinage de x_0, elle admet le développement d'ordre 0 suivant :

$$f(x) \underset{x_0}{=} f(x_0) + o(1)$$

Développement limité et dérivabilité

Si la fonction f est dérivable en x_0, alors f admet un développement limité en x_0 à l'ordre 1. On a alors :

$$f(x) \underset{x_0}{=} f(x_0) + f'(x_0)(x-x_0) + o(x-x_0)$$

Si la fonction f admet le développement limité en x_0 à l'ordre 1 suivant : $f(x) \underset{x_0}{=} f(x_0) + a(x-x_0) + o(x-x_0)$, alors f est dérivable en x_0, et dans ce cas, $a = f'(x_0)$.

Développement limité et parité

Si f est paire (respectivement impaire) et admet un développement limité en 0, alors sa partie régulière ne comporte que des puissances paires (respectivement impaires).

Développements limités et équivalents

S'il existe deux entiers naturels p et n tels que $p \leq n$ pour lesquels on a $f(x) \underset{0}{=} a_p x^p + ... + a_n x^n + o(x^n)$, avec $a_p \neq 0$, alors :

$$f(x) \underset{0}{\sim} a_p x^p$$

Développements limités usuels

$\forall \alpha \in \mathbb{R},\ (1+u)^\alpha \underset{0}{=} 1 + \frac{\alpha}{1!}u + ... + \frac{\alpha(\alpha-1)...(\alpha-n+1)}{n!}u^n + o(u^n)$
$\ln(1+u) \underset{0}{=} u - \frac{u^2}{2} + \frac{u^3}{3} + \cdots + (-1)^{n-1}\frac{u^n}{n} + o(u^n)$
$e^u \underset{0}{=} 1 + \frac{u}{1!} + \frac{u^2}{2!} + ... + \frac{u^n}{n!} + o(u^n)$
$\sin u \underset{0}{=} u - \frac{u^3}{3!} + \cdots + (-1)^n \frac{u^{2n+1}}{(2n+1)!} + o(u^{2n+1})$
$\cos u \underset{0}{=} 1 - \frac{u^2}{2!} + \frac{u^4}{4!} + \cdots + (-1)^n \frac{u^{2n}}{(2n)!} + o(u^{2n})$

Cas particuliers du premier développement limité ci-dessus

Avec $\alpha = -1$:

$$\frac{1}{1+u} \underset{0}{=} 1 - u + u^2 - u^3 + ... + (-1)^n u^n + o(u^n)$$

Avec $\alpha = \frac{1}{2}$:

$$\sqrt{1+u} \underset{0}{=} 1 + \frac{1}{2}u - \frac{1}{8}u^2 + o(u^2)$$

Avec $\alpha = -\frac{1}{2}$:

$$\frac{1}{\sqrt{1+u}} \underset{0}{=} 1 - \frac{1}{2}u + \frac{3}{8}u^2 + o(u^2)$$

17. INTÉGRALES IMPROPRES

Définitions

Si f est continue sur $[a,b[$, avec b réel ou $b=+\infty$, on dit que l'intégrale impropre $\int_a^b f(t)dt$ *converge* si $\int_a^x f(t)dt$ admet une limite finie lorsque x tend vers b.
On a alors :

$$\int_a^b f(t)dt = \lim_{x\to b}\int_a^x f(t)dt$$

Si f est continue sur $]a,b]$, avec a réel ou $a=-\infty$, on dit que l'intégrale $\int_a^b f(t)dt$ *converge* si $\int_x^b f(t)dt$ admet une limite finie lorsque x tend vers a.
On a alors :

$$\int_a^b f(t)dt = \lim_{x\to a}\int_x^b f(t)dt$$

On dit qu'une intégrale *diverge* si elle n'est pas convergente.

Reste d'une intégrale convergente

Si l'intégrale $\int_a^b f(t)dt$, impropre en b, converge, alors $\lim\limits_{x\to b^-}\int_x^b f(t)dt=0$. On dit que *le reste d'une intégrale impropre convergente tend vers* 0.

Intégrale faussement impropre

Si une fonction f est continue sur $[a,b[$, et prolongeable par continuité en b, alors l'intégrale $\int_a^b f(t)dt$ converge. En notant $\tilde{f}$ ce prolongement, on a : $\int_a^b f(t)dt=\int_a^b \tilde{f}(t)dt$.

On dit parfois que l'intégrale $\int_a^b f(t)dt$ est "*faussement*" *impropre*.

Intégrale deux fois impropre

L'intégrale $\int_a^b f(t)dt$, impropre en a et en b, est dite convergente lorsque, pour un réel c arbitrairement choisi dans $]a,b[$, les deux intégrales, chacune une fois impropre, $\int_a^c f(t)dt$ et $\int_c^b f(t)dt$ convergent. On pose alors :

$$\int_a^b f(t)dt = \int_a^c f(t)dt + \int_c^b f(t)dt$$

Si au moins l'une des deux intégrales $\int_a^c f(t)dt$ et $\int_c^b f(t)dt$ diverge, l'intégrale $\int_a^b f(t)dt$ est divergente.

Linéarité

Si les intégrales $\int_a^b f(t)dt$ et $\int_a^b g(t)dt$ convergent, alors quels que soient les réels λ et μ, l'intégrale $\int_a^b (\lambda f(t) + \mu g(t))dt$ converge et on a :

$$\int_a^b (\lambda f(t) + \mu g(t))dt = \lambda \int_a^b f(t)dt + \mu \int_a^b g(t)dt$$

Relation de Chasles

Soit une fonction f continue sur $[a,b[$, et un réel c de $[a,b[$. Si l'intégrale $\int_a^b f(t)dt$ converge, alors :

$$\int_a^b f(t)dt = \int_a^c f(t)dt + \int_c^b f(t)dt$$

Positivité de l'intégrale

On suppose que $-\infty \leq a < b \leq +\infty$.

Si f est positive sur $]a,b[$ et si l'intégrale $\int_a^b f(t)dt$ converge, alors $\int_a^b f(t)dt \geq 0$.

Cas de stricte positivité

On suppose que $-\infty \leq a < b \leq +\infty$.

Si une fonction f est continue, positive sur $[a,b[$ et si $\int_a^b f(x)dx = 0$, alors f est identiquement nulle sur $[a,b[$.

Croissance de l'intégrale

On suppose que $-\infty \leq a < b \leq +\infty$.

Si pour tout réel t de $]a,b[$, $f(t) \leq g(t)$ et si les intégrales impropres $\int_a^b f(t)dt$ et $\int_a^b g(t)dt$ convergent, alors on a :

$$\int_a^b f(t)dt \leq \int_a^b g(t)dt$$

Intégration par parties

On ne procède pas à une intégration par parties directement dans une intégrale impropre. On se ramène à une intégrale définie sur un segment et on passe ensuite à la limite.

Changement de variable

Soit une fonction f continue sur $]a,b[$ et φ une bijection de classe C^1 **strictement croissante**, de $]\alpha,\beta[$ sur $]a,b[$ (a, b, α et β réels ou infinis). Les intégrales $\int_a^b f(u)du$ et $\int_\alpha^\beta f(\varphi(t))\varphi'(t)dt$ sont de même nature, et en cas de convergence, on a :

$$\int_a^b f(u)du = \int_\alpha^\beta f(\varphi(t))\varphi'(t)dt$$

Soit une fonction f continue sur $]a,b[$ et φ une bijection de classe C^1 **strictement décroissante**, de $]\alpha,\beta[$ sur $]a,b[$ (a, b, α et β réels ou infinis). Les intégrales $\int_a^b f(u)du$ et $\int_\beta^\alpha f(\varphi(t))\varphi'(t)dt$ sont de même nature, et en cas de convergence, on a :

$$\int_a^b f(u)du = \int_\beta^\alpha f(\varphi(t))\varphi'(t)dt$$

Parité-imparité

Si f est **paire** et si $\int_0^{+\infty} f(t)\,dt$ converge, alors on a :

$$\int_{-\infty}^{+\infty} f(t)\,dt = 2\int_0^{+\infty} f(t)\,dt$$

Si f est **impaire** et si $\int_0^{+\infty} f(t)\,dt$ converge, alors on a :

$$\int_{-\infty}^{+\infty} f(t)\,dt = 0$$

Intégrale de fonction positive

Si f est continue et positive sur $[a,b[$ (b réel ou $+\infty$), $\int_a^b f(t)\,dt$ *converge* si, et seulement si, $\int_a^x f(t)\,dt$ est majorée sur $[a,b[$.

Critère d'équivalence

Soit f et g deux fonctions continues sur $[a,b[$.

Si f et g sont de signe constant au voisinage de b et si $f(t) \underset{b}{\sim} g(t)$, alors les intégrales $\int_a^b f(t)\,dt$ et $\int_a^b g(t)\,dt$ sont de même nature.

Critère de comparaison

Soit f et g deux fonctions continues sur $[a,b[$.

- Si, au voisinage de b, $0 \leq f(t) \leq g(t)$, et si $\int_a^b g(t)\,dt$ converge, alors $\int_a^b f(t)\,dt$ converge.
- Si, au voisinage de b, $0 \leq f(t) \leq g(t)$, et si $\int_a^b f(t)\,dt$ diverge, alors $\int_a^b g(t)\,dt$ diverge.

Critère de négligeabilité

Si f et g sont continues sur $[a,b[$ et positives au voisinage de b, si $f(t) \underset{b}{=} o(g(t))$ et si $\int_a^b g(t)dt$ converge, alors $\int_a^b f(t)dt$ converge.

Convergence absolue

$\int_a^b f(t)dt$ est *absolument convergente* si $\int_a^b |f(t)|\,dt$ converge.

Toute intégrale absolument convergente est convergente, mais la réciproque est fausse.

Inégalité triangulaire

Si l'intégrale $\int_a^b f(t)dt$ est absolument convergente, et si $a \leq b$, alors : $\left|\int_a^b f(t)dt\right| \leq \int_a^b |f(t)|\,dt$

Intégrales de Riemann

- Pour tout réel a strictement positif : $\int_a^{+\infty} \frac{dx}{x^\alpha}$ converge $\Leftrightarrow \alpha > 1$.
- Pour tous réels a et b ($a < b$) : $\int_a^b \frac{dx}{(x-a)^\alpha}$ converge $\Leftrightarrow \alpha < 1$.

Autres intégrales de référence

L'intégrale $\int_0^{+\infty} e^{-\lambda x}\,dx$ converge si, et seulement si : $\lambda > 0$.

Fonction gamma

L'intégrale $\Gamma(t) = \int_0^{+\infty} x^{t-1}e^{-x}dx$ converge si, et seulement si : $t > 0$.

$$\forall t \in \mathbb{R}_+^*,\ \Gamma(t+1) = t\,\Gamma(t)$$
$$\forall n \in \mathbb{N}^*,\ \Gamma(n) = (n-1)!$$

18. FONCTIONS DE *n* VARIABLES CONTINUITÉ

L'espace $\mathbb{R}^n$ est muni de la norme euclidienne usuelle.

Droites affines de $\mathbb{R}^n$

Soit deux points A et B de $\mathbb{R}^n$ et un vecteur u non nul de $\mathbb{R}^n$.
La *droite* passant par A, de vecteur directeur u, est l'ensemble :

$$d_{A,u} = \{A + tu,\ t \in \mathbb{R}\}$$

L'application $t \mapsto A + tu, t \in \mathbb{R}$, est la *paramétrisation* de $d_{A,u}$.

Parties ouvertes, parties fermées

Une partie Ω de $\mathbb{R}^n$ est un *ouvert* si elle est vide, ou si, pour tout point x_0 de Ω, il existe un réel $r > 0$ tel que tout point x vérifiant $\|x - x_0\| < r$ appartient à Ω.

Une partie est *fermée* si son complémentaire est un ouvert de $\mathbb{R}^n$.

Le programme officiel est rassurant : « *La détermination de la nature topologique d'un ensemble n'est pas un objectif du programme ; elle devra toujours être précisée* ».

Opérations sur les ouverts, sur les fermés

Une intersection finie d'ouverts de $\mathbb{R}^n$, une réunion quelconque d'ouverts de $\mathbb{R}^n$, sont des ouverts de $\mathbb{R}^n$.

Exemples fondamentaux d'ouverts

Si φ est une fonction continue sur $\mathbb{R}^n$ et a un réel, alors les ensembles $\{x \in \mathbb{R}^n,\ \varphi(x) < a\}$ et $\{x \in \mathbb{R}^n,\ \varphi(x) > a\}$ sont ouverts.

Partie bornée

Une partie U de $\mathbb{R}^n$ est *bornée* si : $\exists r \geq 0, \forall x \in U, \ \|x\| \leq r$

Graphe

On appelle *graphe* de f l'ensemble des points $(x_1,...,x_n,y)$ de $\mathbb{R}^{n+1}$, vérifiant l'équation : $y = f(x_1,...,x_n)$.

Lignes de niveau

Soit une fonction f définie sur une partie U de $\mathbb{R}^n$.
Pour tout réel λ, $\{x \in U, \ f(x) = \lambda\}$ est la ligne de niveau λ de f.

Continuité

Une fonction f est continue en un point a de l'ouvert U lorsque :

$$\forall \varepsilon > 0, \exists r > 0, \forall x \in U, \left(\|x - a\| < r \Rightarrow \left| f(x) - f(a) \right| \leq \varepsilon \right)$$

Elle est continue sur U si elle est continue en tout point de U.

Continuité et opérations

- Toute fonction polynomiale de n variables est continue sur $\mathbb{R}^n$.
- Somme, combinaisons linéaires, produit et quotient bien défini de fonctions continues sur U, sont continues sur U.
- Si f est continue sur U, à valeurs dans une partie I de $\mathbb{R}$, et si φ est continue sur I, alors $\varphi \circ f$ est continue sur U.

Continuité et extremums

Une fonction continue sur un fermé borné de $\mathbb{R}^n$ est bornée, et elle atteint ses bornes (c'est-à-dire qu'elle y admet un maximum global et un minimum global).

19. FONCTIONS DE n VARIABLES CALCUL DIFFÉRENTIEL D'ORDRE 1

Dans ce chapitre, Ω désigne un ouvert de $\mathbb{R}^n$.

Dérivées partielles d'ordre 1

Soit $a=(a_1,\dots,a_n)$ un élément de $\mathbb{R}^n$.

• On appelle dérivée partielle d'ordre 1 de f en a par rapport à la $i^{\text{ème}}$ variable, le réel défini par la limite suivante, si elle existe :

$$\partial_i(f)(a)=\lim_{h\to 0}\frac{f(a_1,\dots,a_{i-1},a_i+h,a_{i+1},\dots,a_n)-f(a)}{h}$$

• Si $\partial_i(f)(a)$ existe pour tout point a de Ω, la fonction définie sur Ω par $(x_1,\dots,x_n)\mapsto\partial_i(f)(x_1,\dots,x_n)$ est la fonction dérivée partielle d'ordre 1 de f par rapport à la $i^{\text{ème}}$ variable.

Gradient

Si f admet une dérivée partielle en a par rapport à x_i pour tout i de $[\![1,n]\!]$, le gradient de f en a est le vecteur noté $\nabla(f)(a)$, défini par : $\nabla(f)(a)=\big(\partial_1(f)(a),\dots,\partial_n(f)(a)\big)$.

Fonction de classe C^1

Une fonction f est de classe C^1 sur Ω, si elle y admet des dérivées partielles continues par rapport à chaque variable.

Classe C^1 et opérations

• Toute fonction polynomiale de n variables est de classe C^1 sur $\mathbb{R}^n$.
• Somme, combinaisons linéaires, produit et quotient bien défini de fonctions de classe C^1 sur Ω, sont de classe C^1 sur Ω.
• Si f est de classe C^1 sur Ω, à valeurs dans une partie I de $\mathbb{R}$, et si φ est de classe C^1 sur I à valeurs dans $\mathbb{R}$, alors $\varphi\circ f$ est de classe C^1 sur Ω.

Dérivée de la fonction g : t ↦ f(a+tu)

Si f est de classe C^1 sur $\mathbb{R}^n$, si a est un point de $\mathbb{R}^n$ et si u est un vecteur de $\mathbb{R}^n$, alors la fonction $g : t \mapsto f(a+tu)$ est dérivable sur $\mathbb{R}$ et pour tout réel t, on a : $g'(t) = \left\langle \nabla(f)(a+tu), u \right\rangle$.

Dérivée première directionnelle

Soit f de classe C^1 sur Ω, a un point de Ω et u un vecteur **normé** de $\mathbb{R}^n$. On appelle *dérivée première directionnelle en a, dans la direction u*, le réel $g'(0)$ égal à : $\left\langle \nabla(f)(a), u \right\rangle = \sum_{i=1}^{n} u_i \partial_i(f)(a)$.

Interprétation du gradient

$\nabla(f)(a)$, s'il n'est pas nul, donne la direction dans laquelle la variation de f au voisinage de a est la plus forte. Il est orthogonal aux lignes de niveau.

Développement limité d'ordre 1

Si f est de classe C^1 sur Ω, alors pour tout point a de Ω, il existe une fonction ε continue en (0, 0, …, 0) telle que $\varepsilon(0,\ldots,0) = 0$ et vérifiant pour tout $h = (h_1,\ldots, h_n)$ tel que $a + h \in \Omega$:

$$f(a+h) = f(a) + \left\langle \nabla(f)(a), h \right\rangle + \| h \| \varepsilon(h)$$

Ceci s'écrit également :

$$f(a+h) = f(a) + \sum_{i=1}^{n} h_i \partial_i(f)(a) + \sqrt{h_1^2 + \cdots + h_n^2}\, \varepsilon(h_1,\ldots,h_n)$$

Fonction affine tangente

Si f admet un développement limité d'ordre 1 en $a = (a_1,\ldots, a_n)$, on appelle fonction affine tangente de f en a, la fonction définie par :

$$(x_1,\ldots,x_n) \mapsto f(a) + \partial_1(f)(a)(x_1 - a_1) + \cdots + \partial_n(f)(a)(x_n - a_n)$$

Son graphe est appelé hyperplan tangent au graphe de f en a.

20. FONCTIONS DE *n* VARIABLES CALCUL DIFFÉRENTIEL D'ORDRE 2

La fonction f est définie sur un ouvert Ω de $\mathbb{R}^n$.

Dérivées partielles d'ordre 2

Soit deux entiers i et j de $[\![1,n]\!]$. On définit, sous réserve d'existence, la dérivée partielle d'ordre 2 de f par rapport à la i ème variable, puis par rapport à la j ème variable, de la façon suivante :

$$\partial^2_{i,j}(f)=\partial_i\left(\partial_j(f)\right)$$

Fonction de classe C^2

On dit que f est de classe C^2 sur Ω si f admet des dérivées partielles d'ordre 2 toutes continues sur Ω.

Théorème de Schwarz

Si f est de classe C^2 sur Ω, alors on a :

$$\forall (i,j)\in[\![1,n]\!]^2,\ \partial^2_{i,j}(f)=\partial^2_{j,i}(f)$$

Matrice hessienne

Si f est de classe C^2 sur Ω, alors pour tout point a de Ω, on appelle *matrice hessienne* de f en a la matrice suivante :

$$\nabla^2(f)(a)=\left(\partial^2_{i,j}(f)(a)\right)_{1\leq i,j\leq n}$$

$\nabla^2(f)(a)$ est symétrique et on note q_a la forme quadratique associée.

Classe C^2 et opérations

- Toute fonction polynomiale de n variables est de classe C^2 sur $\mathbb{R}^n$.

• Somme, combinaisons linéaires, produit et quotient bien défini de fonctions de classe C^2 sur Ω, sont de classe C^2 sur Ω.
• Si f est de classe C^2 sur Ω, à valeurs dans une partie I de $\mathbb{R}$, et si φ est de classe C^2 sur I à valeurs dans $\mathbb{R}$, alors $\varphi \circ f$ est de classe C^2 sur Ω.

Dérivée seconde directionnelle

Si f est de classe C^2 sur Ω, alors pour tout a de Ω et tout u normé de $\mathbb{R}^n$, la fonction $g : t \mapsto f(a+tu)$ est dérivable deux fois en tout t tel que $a + tu \in \Omega$ et on a : $g''(u) = q_{a+tu}(u)$.

La valeur de sa dérivée seconde en 0 est appelée *dérivée seconde directionnelle* de f en a dans la direction u. Elle est égale à :

$$q_a(u) = \sum_{i=1}^{n}\sum_{j=1}^{n} u_i u_j \, \partial_{i,j}^2(f)(a)$$

Développement limité d'ordre 2

Si f est de classe C^2 sur Ω, alors pour tout point a de Ω, il existe une fonction ε continue en (0, 0, …, 0) telle que $\varepsilon(0,...,0) = 0$, et vérifiant pour tout $h = (h_1,\ldots, h_n)$ tel que $a + h \in \Omega$:

$$f(a+h) = f(a) + \left\langle \nabla(f)(a), h \right\rangle + \frac{1}{2} q_a(h) + \| h \|^2 \varepsilon(h)$$

Ceci s'écrit également :

$$f(a+h) = f(a) + \sum_{i=1}^{n} h_i \partial_i(f)(a) + \frac{1}{2} \sum_{\substack{1 \le i \le n \\ 1 \le j \le n}} h_i h_j \partial_{i,j}^2(f)(a) + (\sum_{i=1}^{n} h_i^2)\varepsilon(h)$$

&

L'étude des mathématiques,
en comprimant la sensibilité et l'imagination,
rend quelquefois l'explosion des passions terrible.

Monseigneur Dupanloup

21. FONCTIONS DE n VARIABLES EXTREMUMS

Extremum et continuité

Une fonction continue sur une partie fermée bornée admet un maximum global et un minimum global sur cette partie.

Application aux formes quadratiques

Si q est une forme quadratique associée à une matrice symétrique, alors elle admet un maximum et un minimum sur le fermé borné $\{x \in \mathbb{R}^n,\ \|x\| = 1\}$. Il existe alors deux réels α et β tels que :

$$\forall h \in \mathbb{R}^n, \alpha\|h\|^2 \leq q(h) \leq \beta\|h\|^2$$

Point critique

Soit une fonction f de classe C^1 sur un ouvert Ω de $\mathbb{R}^n$.
Un point a de Ω est un point critique de f lorsque $\nabla(f)(a)$ est nul, c'est-à-dire :

$$\forall i \in [\![1,n]\!],\ \partial_i(f)(a) = 0$$

Condition nécessaire d'extremum

Soit une fonction f de classe C^1 sur un ouvert Ω de $\mathbb{R}^n$. Si f admet un extremum en un point a de Ω, alors a est un point critique de f.

Point critique et dérivées directionnelles

Si a est un point critique de f, alors toutes les dérivées directionnelles de f en a sont nulles.

Point selle, point col

On appelle *point selle*, ou *point col*, de f, tout point critique en lequel f ne présente pas d'extremum.

Condition suffisante d'extremum (avec q_a)

Soit une fonction f de classe C^2 sur un ouvert Ω de $\mathbb{R}^n$ et ***a* un point critique** de f. On note q_a la forme quadratique associée à la hessienne $\nabla^2(f)(a)$ de f en a.

- Si pour tout vecteur h non nul de $\mathbb{R}^n$, on a $q_a(h) > 0$, alors f a un minimum local en a.
- Si pour tout vecteur h non nul de $\mathbb{R}^n$, on a $q_a(h) < 0$, alors f a un maximum local en a.
- Si q_a ne garde pas un signe constant sur $\mathbb{R}^n$, alors f n'a pas d'extremum en a.

Condition suffisante d'extremum (avec ∇^2(f)(a))

Soit une fonction f de classe C^2 sur un ouvert Ω de $\mathbb{R}^n$ et ***a* un point critique** de f.

- Si toutes les valeurs propres de $\nabla^2(f)(a)$ sont strictement positives, alors f a un minimum local en a.
- Si toutes les valeurs propres de $\nabla^2(f)(a)$ sont strictement négatives, alors f a un maximum local en a.
- Si $\nabla^2(f)(a)$ possède (au moins) une valeur propre strictement positive et (au moins) une valeur propre strictement négative, alors f n'a pas d'extremum en a.

Extremums liés

Soit f une fonction définie sur un ouvert Ω de $\mathbb{R}^n$. Si $\mathcal{C}$ désigne un sous-ensemble de $\mathbb{R}^n$, on appelle extremums de f sous la contrainte $\mathcal{C}$, les extremums de f sur l'ensemble $\Omega \cap \mathcal{C}$ (c'est-à-dire les extremums de la restriction de f à $\mathcal{C}$).
La contrainte est dite linéaire lorsque $\mathcal{C}$ est défini par :

$$\mathcal{C} = \left\{ (x_1,\dots,x_n) \in \mathbb{R}^n,\ \forall i \in [\![1,p]\!],\ \alpha_{i,1}x_1 + \cdots + \alpha_{i,n}x_n = \beta_i \right\}$$

où les réels $\alpha_{i,j}$ et β_i, $(i,j) \in [\![1,p]\!] \times [\![1,n]\!]$, sont donnés.

Point critique sous contrainte linéaire

Si f est de classe C^1 sur Ω et admet un extremum en un point a sous la contrainte linéaire $\mathcal{C}$, alors on a : $\nabla(f)(a) \perp \mathcal{H}$, où $\mathcal{H}$ est le sous-espace vectoriel de $\mathbb{R}^n$ défini par :

$$\mathcal{H} = \{(x_1,\dots,x_n) \in \mathbb{R}^n,\ \forall i \in [\![1,p]\!],\ \alpha_{i,1}x_1 + \cdots + \alpha_{i,n}x_n = 0\}$$

On parle alors, pour a, de point critique de f sous la contrainte $\mathcal{C}$.

Point critique sous contraintes quelconques

Soit φ une fonction de classe C^1 sur un ouvert Ω de $\mathbb{R}^n$. On note $\mathcal{C} = \{x \in \Omega,\ \varphi(x) = c\}$, où c est un réel et l'on suppose que $\nabla(\varphi)(x) \neq 0$ pour tout élément x de $\mathcal{C}$ (*contrainte non critique*).

Si f est de classe C^1 sur Ω et présente un extremum local en un point a sous la contrainte $\mathcal{C}$ non critique, alors il existe un réel λ tel que :

$$\begin{cases} \varphi(a) = c \\ \nabla(f)(a) = \lambda \nabla(\varphi)(a) \end{cases}$$

On dit alors que a est un *point critique de f sous la contrainte* $\mathcal{C}$.

Le réel λ s'appelle le *multiplicateur de Lagrange.*

Cas d'une forme quadratique sur $\{x \in \mathbb{R}^n,\ \|x\| = 1\}$

Si q est une forme quadratique associée à une matrice symétrique A, alors q admet un maximum global (respectivement un minimum global) sous la contrainte $\|x\| = 1$, en un point correspondant à un vecteur propre de la matrice A associé à la plus grande valeur propre (respectivement la plus petite).

&

La mathématique ne constitue pas une terre aride dans l'univers scientifique. Elle est à la fois reine, servante et fille des sciences de l'observation.

Gustave Choquet

22. MATRICES ET SYSTÈMES

$\mathbb{K}$ désigne $\mathbb{R}$ ou $\mathbb{C}$. Les éléments de $\mathbb{K}$ sont appelés scalaires.

Égalité de deux matrices

Deux matrices sont égales si elles ont le même nombre de lignes, le même nombre de colonnes et les mêmes coefficients.

Somme de matrices

Soit deux matrices $A=(a_{i,j})$ et $B=(b_{i,j})$ de $\mathcal{M}_{n,p}(\mathbb{K})$.

On appelle somme de A et B la matrice de $\mathcal{M}_{n,p}(\mathbb{K})$, notée $A+B$, définie par $A+B=(c_{i,j})$ où :

$$\forall (i,j) \in [\![1,n]\!] \times [\![1,p]\!],\ c_{i,j} = a_{i,j} + b_{i,j}$$

Multiplication d'une matrice par un scalaire

Soit une matrice $A=(a_{i,j})$ de $\mathcal{M}_{n,p}(\mathbb{K})$ et λ un élément de $\mathbb{K}$.

On appelle produit de A par le scalaire λ, la matrice de $\mathcal{M}_{n,p}(\mathbb{K})$, notée λA, définie par $\lambda A = (a'_{i,j})$ où :

$$\forall (i,j) \in [\![1,n]\!] \times [\![1,p]\!],\ a'_{i,j} = \lambda a_{i,j}$$

Produit de matrices

Soit $A=(a_{i,j})$ une matrice de $\mathcal{M}_{n,p}(\mathbb{K})$ et $B=(b_{i,j})$ une matrice de $\mathcal{M}_{p,q}(\mathbb{K})$. On appelle produit de A par B la matrice de $\mathcal{M}_{n,q}(\mathbb{K})$, notée AB, définie par $AB=(c_{i,j})_{1\le i\le n,\ 1\le j\le q}$ où :

$$\forall (i,j) \in [\![1,n]\!] \times [\![1,q]\!],\ c_{i,j} = \sum_{k=1}^{p} a_{i,k}\, b_{k,j}$$

Le produit matriciel n'est pas commutatif.

Associativité, distributivité

Pour toutes matrices A, B, C telles que les opérations ci-dessous soient possibles, on a :

$$A(BC)=(AB)C$$
$$A(B+C)=AB+AC \text{ et } (A+B)C=AC+BC$$
$$\forall\lambda\in\mathbb{R},\ A(\lambda B)=(\lambda A)B=\lambda AB$$

Puissance d'une matrice carrée

Soit A une matrice de $\mathcal{M}_n(\mathbb{K})$.

Par convention, on pose $A^0=I_n$ et, pour tout entier naturel p non nul, on pose : $A^p=A^{p-1}A$.

En fait, pour tout p de $\mathbb{N}^*$, A^p est le produit de p matrices toutes égales à A.

Produit de matrices diagonales

Le produit de deux matrices diagonales est la matrice diagonale obtenue en multipliant entre eux les coefficients diagonaux de même place.

Puissance d'une matrice diagonale

La puissance $p^{\text{ème}}$ ($p\in\mathbb{N}$) d'une matrice diagonale est la matrice diagonale obtenue en élevant les coefficients diagonaux à la puissance p.

Formule du binôme

Soit A et B deux matrices de $\mathcal{M}_n(\mathbb{K})$ qui commutent (c'est-à-dire telles que $AB=BA$). Alors pour tout entier naturel p, on a :

$$(A+B)^p=\sum_{k=0}^{p}\binom{p}{k}A^kB^{p-k}=\sum_{k=0}^{p}\binom{p}{k}A^{p-k}B^k$$

Transposée d'une matrice

Soit une matrice $A=(a_{i,j})$ de $\mathcal{M}_{n,p}(\mathbb{K})$. On appelle *transposée* de A la matrice de $\mathcal{M}_{p,n}(\mathbb{K})$, notée ${}^tA$, définie par ${}^tA=(a'_{i,j})$ où :

$$\forall (i,j)\in[\![1,p]\!]\times[\![1,n]\!] \quad a'_{i,j}=a_{j,i}$$

$${}^t(A+B)={}^tA+{}^tB \qquad \forall\lambda\in\mathbb{K},\ {}^t(\lambda A)=\lambda\,{}^tA$$

$${}^t({}^tA)=A \qquad {}^t(AB)={}^tB\,{}^tA$$

La matrice carrée A est dite *symétrique* si

$${}^tA=A$$

La matrice carrée A est dite *antisymétrique* si

$${}^tA=-A$$

Trace d'une matrice

Soit A une matrice de $\mathcal{M}_n(\mathbb{K})$. On appelle *trace* de A le réel noté $\mathrm{Tr}(A)$ égal à la somme des éléments diagonaux de A. On a donc :

$$\mathrm{Tr}(A)=\sum_{i=1}^{n}a_{i,i}$$

La trace est une forme linéaire sur $\mathcal{M}_n(\mathbb{K})$.

Deux matrices semblables ont la même trace.

Matrices carrées inversibles

On dit qu'une matrice A de $\mathcal{M}_n(\mathbb{K})$ est *inversible* s'il existe une matrice B de $\mathcal{M}_n(\mathbb{K})$ telle que $AB=I$ ou $BA=I$.

La matrice B est l'inverse de A et on note $B=A^{-1}$.
L'ensemble des matrices inversibles est noté $\mathrm{GL}_n(\mathbb{K})$.

Si A et B sont deux matrices de $\mathcal{M}_n(\mathbb{K})$ telles que $AB = I$, alors A et B sont inversibles et on a : $A^{-1} = B$ et $B^{-1} = A$.

Si A et B sont inversibles, alors A^{-1}, ${}^tA$, A^p ($p \in \mathbb{N}$) et AB sont inversibles et on a :

$$\left(A^{-1}\right)^{-1} = A \qquad \left({}^tA\right)^{-1} = {}^t\left(A^{-1}\right)$$

$$\left(A^p\right)^{-1} = \left(A^{-1}\right)^p \text{ que l'on note } A^{-p}$$

$$\left(AB\right)^{-1} = B^{-1}A^{-1}$$

Matrices et systèmes linéaires

Le système linéaire (S) $\begin{cases} a_{1,1}x_1 + \cdots + a_{1,p}x_p = b_1 \\ \vdots \\ a_{n,1}x_1 + \ldots + a_{n,p}x_p = b_n \end{cases}$ s'écrit $AX = B$,

en posant $A = \begin{pmatrix} a_{1,1} & \ldots & a_{1,p} \\ \vdots & & \vdots \\ a_{n,1} & \ldots & a_{n,p} \end{pmatrix}$, $X = \begin{pmatrix} x_1 \\ \vdots \\ x_p \end{pmatrix}$ et $B = \begin{pmatrix} b_1 \\ \vdots \\ b_n \end{pmatrix}$.

La matrice A est appelée matrice associée au système (S).

Système échelonné

Un système linéaire de n équations à p inconnues est *échelonné* si les coefficients $a_{i,j}$ de la matrice A vérifient : $\forall i > j$, $a_{i,j} = 0$.

Si $n = p$, un système échelonné est dit triangulaire et les coefficients $a_{i,i}$ sont appelés pivots.

Système de Cramer et inversibilité

Soit (S) un système linéaire de n équations à n inconnues. Le système (S) est de Cramer s'il admet un unique n-uplet solution.

Soit A une matrice de $\mathcal{M}_n(\mathbb{K})$. La matrice A est inversible si et seulement si A est la matrice d'un système de Cramer.

La matrice A de $\mathcal{M}_n(\mathbb{K})$ est inversible si et seulement si, pour toute matrice X de $\mathcal{M}_{n,1}(\mathbb{K})$, on a : $AX = 0 \Leftrightarrow X = 0$.

Opérations élémentaires

Les opérations suivantes sur les lignes d'un système ou d'une matrice sont appelées *opérations élémentaires* (on suppose $i \neq j$) : $L_i \leftrightarrow L_j$, $L_i \leftarrow aL_i$ avec $a \neq 0$ et $L_i \leftarrow L_i + bL_j$.

Méthode du pivot de Gauss

Tout système linéaire (S) peut être transformé, à l'aide d'opérations élémentaires, en un système échelonné (S').

Dans le cas où (S) est un système à n équations et n inconnues, (S) est un système de Cramer si et seulement si (S') possède n pivots non nuls.

Réduite de Gauss

Soit A une matrice carrée de $\mathcal{M}_n(\mathbb{K})$. On appelle *réduite de Gauss* de A, toute matrice triangulaire obtenue par des opérations élémentaires effectuées sur les lignes de A.

Soit A une matrice carrée de $\mathcal{M}_n(\mathbb{K})$.

Si une réduite de Gauss de A est inversible, alors A est inversible.
Si A est inversible, alors toutes ses réduites sont inversibles.

Méthode de Gauss Jordan

Toute matrice inversible peut se transformer en la matrice identité à l'aide d'opérations élémentaires sur les lignes de cette matrice, et son inverse s'obtient en effectuant, dans le même ordre, les mêmes opérations élémentaires sur les lignes de la matrice identité.

Inversibilité des matrices triangulaires

Soit A une matrice triangulaire.
A est inversible si, et seulement si, ses coefficients diagonaux sont tous non nuls.

Inversibilité des matrices diagonales

Une matrice diagonale D est inversible lorsque tous ses coefficients diagonaux sont non nuls. La matrice D^{-1} est alors obtenue en inversant les coefficients diagonaux de D.

Inversibilité des matrices carrées d'ordre 2

Soit A la matrice définie par : $A = \begin{pmatrix} a & b \\ c & d \end{pmatrix}$.

La matrice A est inversible si, et seulement si : $ad - bc \neq 0$.

Dans ce cas, on a :

$$A^{-1} = \frac{1}{ad - bc} \begin{pmatrix} d & -b \\ -c & a \end{pmatrix}$$

&

On se souviendra d'Archimède
quand on aura oublié Eschyle,
parce que les langues meurent,
mais pas les idées mathématiques.

Godfrey Hardy

23. ESPACES VECTORIELS

$\mathbb{K}$ désigne $\mathbb{R}$ ou $\mathbb{C}$. Les éléments de $\mathbb{K}$ sont appelés scalaires. La lettre E désigne un espace vectoriel sur $\mathbb{K}$.

Sous-espaces vectoriels (ou sous-espaces)

F est un *sous-espace vectoriel* de E si, et seulement si :

F est une partie non vide de E
$\forall (x,y) \in F^2,\ \forall \lambda \in \mathbb{K},\ \lambda x + y \in F$

Tout sous-espace vectoriel de E est lui-même un espace vectoriel.

Les seuls sous-espaces vectoriels de $\mathbb{K}$ sont $\{0\}$ et $\mathbb{K}$.

L'intersection de deux sous-espaces de E est un sous-espace de E.

Combinaisons linéaires

Soit $\mathcal{F} = (e_1, \ldots, e_p)$, où $p \in \mathbb{N}^*$, une famille de p vecteurs de E. On dit qu'un vecteur x de E est *combinaison linéaire* des p vecteurs de $\mathcal{F}$ s'il existe p scalaires $\lambda_1, \ldots, \lambda_p$ tels que : $x = \sum_{i=1}^{p} \lambda_i e_i$.

Sous-espace vectoriel engendré

Soit $\mathcal{F} = (e_1, \ldots, e_p)$ une famille de vecteurs de E.

L'ensemble de toutes les combinaisons linéaires de vecteurs de $\mathcal{F}$ est un sous-espace vectoriel de E appelé *sous-espace vectoriel engendré* par $\mathcal{F}$. Il est noté Vect $(e_1, \ldots, e_p)$.

Si e_{p+1} est combinaison linéaire des vecteurs $e_1, \ldots, e_p$, on a :

$$\text{Vect}(e_1, \ldots, e_{p+1}) = \text{Vect}(e_1, \ldots, e_p)$$

Si les scalaires $\alpha_1, \ldots, \alpha_p$ sont tous non nuls, on a :

$$\text{Vect}(\alpha_1 e_1, \ldots, \alpha_p e_p) = \text{Vect}(e_1, \ldots, e_p)$$

Familles génératrices

Soit $\mathcal{F} = (e_1, \ldots, e_p)$ une famille de p vecteurs de E.

On dit que $\mathcal{F}$ est une *famille génératrice* de E si tout vecteur de E peut s'écrire comme combinaison linéaire de vecteurs de $\mathcal{F}$.

Familles libres

Soit $\mathcal{F} = (e_1, \ldots, e_p)$ une famille de p vecteurs de E.

On dit que $\mathcal{F}$ est une *famille libre*, ou que les vecteurs $e_1, \ldots, e_p$ sont linéairement indépendants, si :

$$\sum_{i=1}^{p} \lambda_i e_i = 0 \;\Rightarrow\; \forall i \in [\![1, p]\!],\ \lambda_i = 0$$

Soit x un vecteur de E.

La famille (x) est libre si, et seulement si, x est différent de 0_E.

Soit x et y deux vecteurs de E.

La famille (x, y) est libre si, et seulement si, x et y ne sont pas proportionnels.

Toute famille contenue dans une famille libre est libre.

Toute famille de polynômes non nuls, de degrés deux à deux distincts, est libre.

Si L est une famille libre de E et si G est une famille génératrice de E, alors le cardinal de L est inférieur ou égal au cardinal de G.

Familles liées

Une *famille liée* est une famille qui n'est pas libre.

Une famille de vecteurs de E est liée si et seulement si l'un des vecteurs de cette famille est combinaison linéaire des autres.

Toute famille contenant le vecteur nul est liée.

Toute famille de vecteurs de E qui contient une famille liée est liée.

Bases

Soit $\mathcal{B}=(e_1,\ldots,e_n)$ une famille de n vecteurs de E. On dit que $\mathcal{B}$ est une *base de E* si $\mathcal{B}$ est à la fois libre et génératrice de E.

La famille $\mathcal{B}=(e_1,\ldots,e_n)$ est une base de E si, et seulement si, pour tout vecteur x de E, il existe un unique n-uplet $(x_1,\ldots,x_n)$ d'éléments de $\mathbb{K}$ tel que : $x=\sum_{i=1}^{n} x_i e_i$.

Les scalaires $x_1,\ldots,x_n$ sont les *coordonnées* de x dans la base $\mathcal{B}$.

Dimension

L'espace vectoriel E est dit de *dimension finie* s'il possède une famille génératrice ayant un nombre fini de vecteurs.

Tout espace vectoriel de dimension finie, **non réduit au seul vecteur nul**, admet une base.

Si E possède une base formée de n vecteurs de E (où $n \in \mathbb{N}^*$), alors toutes les bases de E sont formées de n vecteurs.

On dit alors que E est de dimension n et on note : $\dim(E)=n$ ou plus simplement $\dim E = n$.
Si l'espace E est réduit au seul vecteur 0_E, on pose : $\dim E = 0$.

Soit E un espace vectoriel de dimension n ($n \in \mathbb{N}^*$).
Toute famille libre de E possède au plus n vecteurs et toute famille libre de n vecteurs de E est une base de E.

Soit E un espace vectoriel de dimension n ($n \in \mathbb{N}^*$).
Toute famille génératrice de E possède au moins n vecteurs et toute famille génératrice de n vecteurs de E est une base de E.

Théorème de la base incomplète

Soit E un espace vectoriel de dimension n ($n \geq 2$). Toute famille libre $(e_1, \ldots, e_p)$ de p vecteurs de E $(1 \leq p < n)$ peut être complétée par $n-p$ vecteurs $e_{p+1}, \ldots, e_n$ de E, de telle sorte que la famille $(e_1, \ldots, e_p, e_{p+1}, \ldots, e_n)$ soit une base de E.

Matrice d'une famille de vecteurs

Soit E un espace vectoriel de dimension n ($n \in \mathbb{N}^*$) de base $\mathcal{B} = (e_1, \ldots, e_n)$.

Soit $\mathcal{F} = (f_1, \ldots, f_p)$ une famille de p vecteurs de E ($p \in \mathbb{N}^*$).

On appelle matrice de la famille $\mathcal{F}$ dans la base $\mathcal{B}$, la matrice de $\mathcal{M}_{n,p}(\mathbb{K})$ dont les coefficients de la $j^{\text{ème}}$ colonne sont les coordonnées de f_j dans la base $\mathcal{B}$.

Soit E un espace vectoriel de dimension n ($n \in \mathbb{N}^*$) de base $\mathcal{B} = (e_1, \ldots, e_n)$ et $\mathcal{F} = (f_1, \ldots, f_n)$ une famille de n vecteurs de E.
La famille $\mathcal{F}$ est une base de E si, et seulement si, la matrice P de $\mathcal{F}$ dans la base $\mathcal{B}$ est inversible. Dans ce cas, P est appelée matrice de passage de $\mathcal{B}$ à $\mathcal{F}$.

Rang d'une famille de vecteurs

Soit E un espace vectoriel et $(e_1, \ldots, e_n)$ une famille de vecteurs de E. On appelle *rang de la famille* $(e_1, \ldots, e_n)$, et on note $\text{rg}(e_1, \ldots, e_n)$, la dimension de $\text{Vect}(e_1, \ldots, e_n)$.

Le rang de $(e_1, \ldots, e_n)$ est égal au cardinal de la plus grande famille libre contenue dans $(e_1, \ldots, e_n)$.

Rang et base

Soit E un espace vectoriel de dimension n ($n \in \mathbb{N}^*$).
La famille $(e_1, \ldots, e_n)$ est une base de E si, et seulement si :

$$\text{rg}(e_1, \ldots, e_n) = n$$

Dimension et sous-espaces vectoriels

Si E est un espace vectoriel de dimension n, tout sous-espace vectoriel F de E vérifie : $\dim F \leq \dim E$.

Si $\dim F = 1$, F est appelé droite.
Si $\dim F = 2$, F est appelé plan.
Si $\dim F = n-1$, F est appelé hyperplan.

Théorème du sous-espace

Soit E un espace vectoriel de dimension finie. Si F est un sous-espace vectoriel de E tel que $\dim F = \dim E$, alors $F = E$.

Espaces vectoriels de référence

$\mathbb{K}^n$ est un espace vectoriel sur $\mathbb{K}$ de dimension n.

Pour tout i de $[\![1,n]\!]$, on note $e_i = (0,\ldots,0,1,0,\ldots,0)$ (le nombre 1 se trouve en $i^{\text{ème}}$ position). La famille $(e_1,\ldots,e_n)$ est une base de $\mathbb{K}^n$, appelée base canonique de $\mathbb{K}^n$.

$\mathcal{M}_{n,p}(\mathbb{K})$ est un espace vectoriel sur $\mathbb{K}$ de dimension np.

Pour tout couple (i,j) de $[\![1,n]\!] \times [\![1,p]\!]$, on note $E_{i,j}$ la matrice de $\mathcal{M}_{n,p}(\mathbb{K})$ dont tous les coefficients sont nuls sauf celui situé sur la $i^{\text{ème}}$ ligne et la $j^{\text{ème}}$ colonne qui vaut 1. La famille $(E_{i,j})_{\substack{1 \leq i \leq n \\ 1 \leq j \leq p}}$ est une base de $\mathcal{M}_{n,p}(\mathbb{K})$, appelée base canonique de $\mathcal{M}_{n,p}(\mathbb{K})$.

Soit A une partie de $\mathbb{R}$. L'ensemble $\mathcal{A}(A,\mathbb{R})$ des applications de A dans $\mathbb{R}$ est un espace vectoriel qui n'est pas de dimension finie.

L'ensemble $\mathcal{A}(\mathbb{N},\mathbb{R})$ des suites réelles est un espace vectoriel qui n'est pas de dimension finie.

$\mathbb{K}[X]$ est un espace vectoriel sur $\mathbb{K}$ qui n'est pas de dimension finie.

$\mathbb{K}_n[X]$ est un espace vectoriel sur $\mathbb{K}$, de dimension $n+1$.

La famille $\mathcal{B}=\left(1,X,X^2,\ldots,X^n\right)$ est une base de $\mathbb{K}_n[X]$, appelée base canonique de $\mathbb{K}_n[X]$.

&

Il est difficile de faire la différence entre un mathématicien qui dort et un mathématicien qui travaille.

André Lichnerowicz

24. APPLICATIONS LINÉAIRES

$\mathbb{K}$ désigne $\mathbb{R}$ ou $\mathbb{C}$ et *E*, *F*, *G* sont des espaces vectoriels sur $\mathbb{K}$.

Définitions

Une *application linéaire f* de *E* dans *F* est une application vérifiant

$$\forall(x,y)\in E^2,\ \forall\lambda\in\mathbb{K},\ f(\lambda x+y)=\lambda f(x)+f(y)$$

L'ensemble des applications linéaires de *E* dans *F* est un espace vectoriel, noté $\mathcal{L}(E,F)$.

On appelle *forme linéaire* sur *E*, toute application linéaire de *E* dans $\mathbb{K}$. L'espace des formes linéaires sur *E* est noté $\mathcal{L}(E,\mathbb{K})$.

On appelle *endomorphisme* de *E*, toute application linéaire de *E* dans *E*. L'espace des endomorphismes de *E* est noté $\mathcal{L}(E)$.

On appelle *isomorphisme* de *E* dans *F*, toute application linéaire bijective de *E* dans *F*.

On appelle *automorphisme* de *E*, tout endomorphisme bijectif de *E*. L'ensemble des automorphismes de *E* est noté $GL(E)$.

Image d'une combinaison linéaire

Soit *f* une application linéaire de *E* dans *F*. Quels que soient les vecteurs $x_1,\ldots,x_p$ de *E* et les scalaires $\lambda_1,\ldots,\lambda_p$, on a :

$$f\left(\sum_{i=1}^{p}\lambda_i x_i\right)=\sum_{i=1}^{p}\lambda_i f(x_i)$$

Égalité de deux applications linéaires

Soit *E* un espace vectoriel de dimension finie, dont $\mathcal{B}=(e_1,\ldots,e_n)$ est une base, et soit *f* et *g* deux applications linéaires de *E* dans *F*.

$$f=g\Leftrightarrow\forall i\in[\![1,n]\!],\ f(e_i)=g(e_i)$$

Composition des applications linéaires

Si f est une application linéaire de E dans F et si g est une application linéaire de F dans G, alors :

$g \circ f$ est une application linéaire de E dans G.

En particulier, la composée de deux endomorphismes de E est un endomorphisme de E.

Automorphisme et composition

Si f est un automorphisme de E, alors :

f^{-1} est un automorphisme de E.

La composée de deux automorphismes f et g de E est un automorphisme de E et on a :

$$(g \circ f)^{-1} = f^{-1} \circ g^{-1}$$

Formule du binôme de Newton

Soit f un endomorphisme de E. Par convention, on pose $f^0 = Id_E$ et, pour tout entier naturel p non nul, on pose $f^p = f^{p-1} \circ f$.

Soit f et g deux endomorphismes de E qui commutent (c'est-à-dire tels que $f \circ g = g \circ f$). Alors pour tout entier naturel p, on a :

$$(f+g)^p = \sum_{k=0}^{p} \binom{p}{k} f^k \circ g^{p-k} = \sum_{k=0}^{p} \binom{p}{k} f^{p-k} \circ g^k$$

Noyau

Soit f une application linéaire de E dans F. On appelle *noyau* de f, noté $\mathrm{Ker}(f)$, le sous-ensemble de E défini par :

$$\mathrm{Ker}(f) = \{ x \in E, f(x) = 0_F \}$$

$\mathrm{Ker}(f)$ est un sous-espace vectoriel de E

Noyau et injectivité

L'application *f* est injective si, et seulement si : $\operatorname{Ker}(f) = \{0_E\}$

Image

Soit *f* une application linéaire de *E* dans *F*. On appelle *image* de *f*, notée $\operatorname{Im}(f)$, le sous-ensemble de *F* défini par :

$$\operatorname{Im}(f) = \{y \in F, \exists x \in E, y = f(x)\}$$

$\operatorname{Im}(f)$ est un sous-espace vectoriel de *F*

Image et surjectivité

L'application *f* est surjective si, et seulement si : $\operatorname{Im}(f) = F$.

Sous-espace stable

On désigne par *f* un endomorphisme de *E*.

On dit qu'un sous-espace *F* de *E* est stable par *f* si $f(F) \subset F$.

Autrement dit : *F* est stable par *f* si : $\forall x \in F \ , \ f(x) \in F$

&

Les mathématiques ne sont écrites
que pour les mathématiciens.
Nicolas Copernic

25. APPLICATIONS LINÉAIRES EN DIMENSION FINIE

Espaces isomorphes

Deux espaces vectoriels E et F de dimension finie sont *isomorphes* s'il existe un isomorphisme de E dans F.

Tout $\mathbb{K}$-espace vectoriel de dimension n est isomorphe à $\mathbb{K}^n$.

Espaces isomorphes et dimension

Soit deux espaces vectoriels E et F de **dimension finie**.

E et F sont isomorphes si, et seulement si : $\dim E = \dim F$.

Isomorphismes et bases

Si f est un isomorphisme de E dans F, alors l'image par f d'une base de E est une base de F.
Réciproquement, si l'image d'une base de E par une application linéaire f est une base de F, alors f est un isomorphisme de E dans F.

Image d'une base

Soit f une application linéaire de E dans F et $\mathcal{B} = (e_1, \ldots, e_p)$ une base de E. On a :

$$\operatorname{Im}(f) = \operatorname{Vect}\left(f(e_1), \ldots, f(e_p)\right)$$

Rang d'une application linéaire

Soit f une application linéaire de E dans F. Si $\operatorname{Im} f$ est de dimension finie, on appelle *rang* de f, le nombre défini par :

$$\operatorname{rg}(f) = \dim \operatorname{Im}(f)$$

Rang et application nulle

Soit f une application linéaire de E dans F. On a :

$$\mathrm{rg}(f)=0 \Leftrightarrow f=0$$

Rang et bijection

Soit f une application linéaire de E dans F, où E et F sont deux espaces vectoriels de **même dimension *n***.

f est bijective si, et seulement si : $\mathrm{rg}(f)=n$.

En particulier, si f est un endomorphisme de E, où E est un espace vectoriel de **dimension finie**, alors f est un automorphisme si, et seulement si : $\mathrm{rg}(f)=\dim E$.

Théorème du rang

Soit f une application linéaire de E dans F, où E est un espace vectoriel de dimension finie. On a :

$$\dim E = rg(f)+\dim \mathrm{Ker}(f)$$

Caractérisation d'un isomorphisme

Soit f une application linéaire de E dans F, où E et F sont deux espaces vectoriels de **même dimension *finie***. On a :

f injective $\Leftrightarrow$ f surjective $\Leftrightarrow$ f bijective

Caractérisation d'un automorphisme

Soit f un endomorphisme de E, où E un espace vectoriel de **dimension finie**.

f injectif $\Leftrightarrow$ f surjectif $\Leftrightarrow$ f bijectif

Hyperplan et forme linéaire

Soit E un espace de **dimension finie** et H un sous-espace de E.

H est un hyperplan de E si et seulement si H est le noyau d'une forme linéaire non nulle.

26. APPLICATIONS LINÉAIRES ET MATRICES

Matrice d'une application linéaire

Soit E un espace vectoriel de dimension p, de base $\mathcal{B} = (e_1, \ldots, e_p)$, et F un espace vectoriel de dimension n, de base $\mathcal{B}' = (e'_1, \ldots, e'_n)$.
Si f est une application linéaire de E dans F, on appelle matrice de f relativement aux bases $\mathcal{B}$ et $\mathcal{B}'$, la matrice de $\mathcal{M}_{n,p}(\mathbb{K})$, souvent notée $\text{mat}_{\mathcal{B},\mathcal{B}'}(f)$, dont la $j^{\text{ème}}$ colonne est formée des coordonnées du vecteur $f(e_j)$ dans la base $\mathcal{B}'$.

La matrice d'une forme linéaire est une matrice ligne.

Matrice d'un endomorphisme

Soit E un espace vectoriel de dimension p, de base $\mathcal{B} = (e_1, \ldots, e_p)$.
Si f est un endomorphisme de E, on appelle matrice de f dans la base $\mathcal{B}$, la matrice de $\mathcal{M}_p(\mathbb{K})$, notée $\text{mat}_{\mathcal{B}}(f)$, dont la $j^{\text{ème}}$ colonne est formée des coordonnées du vecteur $f(e_j)$ dans la base $\mathcal{B}$.

Soit E un espace vectoriel de **dimension *p***. Quelle que soit la base $\mathcal{B}$ de E, on a :

$$\text{mat}_{\mathcal{B}}(Id_E) = I_p$$

Isomorphisme canonique

Soit E un espace vectoriel de dimension p, de base $\mathcal{B}$, et F un espace vectoriel de dimension n, de base $\mathcal{B}'$. L'application qui à tout f de $\mathcal{L}(E,F)$ associe la matrice $\text{mat}_{\mathcal{B},\mathcal{B}'}(f)$ de $\mathcal{M}_{n,p}(\mathbb{K})$ est un isomorphisme d'espaces vectoriels. On a donc :

$$\dim \mathcal{L}(E,F) = \dim \mathcal{M}_{n,p}(\mathbb{K}) = np = \dim E \times \dim F$$

Application linéaire canoniquement associée

Soit A une matrice de $\mathcal{M}_{n,p}(\mathbb{K})$. Si $\mathcal{B}$ et $\mathcal{B}'$ désignent les bases canoniques respectives de $\mathbb{K}^p$ et $\mathbb{K}^n$, l'application linéaire f de $\mathbb{K}^p$ dans $\mathbb{K}^n$ telle que $\text{mat}_{\mathcal{B},\mathcal{B}'}(f)=A$ est appelée application linéaire canoniquement associée à A.
Elle est définie pour tout $(x_1,\ldots,x_p)$ de $\mathbb{K}^p$ par :

$$f((x_1,\ldots,x_p))=(y_1,\ldots,y_n),\text{ où } \forall i\in[\![1,n]\!],\ y_i=\sum_{k=1}^{p}a_{i,k}x_k$$

Opérations sur les matrices

Soit E un espace vectoriel de base $\mathcal{B}$ et F un espace vectoriel de base $\mathcal{B}'$. Pour toutes applications linéaires f et g de E dans F et pour tout scalaire λ, on a :

$$\text{mat}_{\mathcal{B},\mathcal{B}'}(f+g)=\text{mat}_{\mathcal{B},\mathcal{B}'}(f)+\text{mat}_{\mathcal{B},\mathcal{B}'}(g)$$

$$\text{mat}_{\mathcal{B},\mathcal{B}'}(\lambda f)=\lambda\text{mat}_{\mathcal{B},\mathcal{B}'}(f)$$

Soit E, F et G trois espaces vectoriels de bases respectives $\mathcal{B}_1$, $\mathcal{B}_2$ et $\mathcal{B}_3$. Si f est une application linéaire de E dans F et g une application linéaire de F dans G, alors :

$$\text{mat}_{\mathcal{B}_1,\mathcal{B}_3}(g\circ f)=\text{mat}_{\mathcal{B}_2,\mathcal{B}_3}(g)\,\text{mat}_{\mathcal{B}_1,\mathcal{B}_2}(f)$$

Soit E un espace vectoriel de base $\mathcal{B}$. Si f est un endomorphisme de E, alors :

$$\forall k\in\mathbb{N},\ \text{mat}_{\mathcal{B}}(f^k)=(\text{mat}_{\mathcal{B}}(f))^k$$

Inversibilité et bijection

Soit E et F deux espaces vectoriels de **même dimension**, de bases respectives $\mathcal{B}$ et $\mathcal{B}'$, f une application linéaire de E dans F.

f est bijective si, et seulement si, $\text{mat}_{\mathcal{B},\mathcal{B}'}(f)$ est inversible.

Lorsque f est bijective, on a :

$$\text{mat}_{\mathcal{B}',\mathcal{B}}(f^{-1})=(\text{mat}_{\mathcal{B},\mathcal{B}'}(f))^{-1}$$

Image d'un vecteur

Soit E un espace vectoriel de dimension p, muni d'une base $\mathcal{B}$ et F un espace vectoriel de dimension n, muni d'une base $\mathcal{B}'$. Soit f une application linéaire de E dans F et $A = \text{mat}_{\mathcal{B},\mathcal{B}'}(f)$. Soit x un vecteur de E et y un vecteur de F. On note X (resp. Y) le vecteur colonne de $\mathcal{M}_{p,1}(\mathbb{K})$ (resp. $\mathcal{M}_{n,1}(\mathbb{K})$) formé des coordonnées de x (resp. y) dans la base $\mathcal{B}$ (resp. dans la base $\mathcal{B}'$). On a :

$$y = f(x) \Leftrightarrow Y = AX$$

En particulier, on a :

$$x \in \text{Ker}(f) \Leftrightarrow AX = 0$$

Rang d'une famille de vecteurs (rappel)

Soit E un espace vectoriel et $(e_1,\ldots,e_n)$ une famille de vecteurs de E. On appelle *rang* de la famille $(e_1,\ldots,e_n)$, le nombre défini par :

$$\text{rg}(e_1,\ldots,e_n) = \dim \text{Vect}(e_1,\ldots,e_n)$$

Rang d'une matrice

Le *rang* d'une matrice A de $\mathcal{M}_{n,p}(\mathbb{K})$ est le rang de la famille de ses vecteurs colonnes dans $\mathcal{M}_{n,1}(\mathbb{K})$. On le note $\text{rg}(A)$.

Pour toute matrice A de $\mathcal{M}_{n,p}(\mathbb{K})$, on a :

$$\text{rg}(A) = 0 \Leftrightarrow A = 0$$

Pour toute matrice A de $\mathcal{M}_n(\mathbb{K})$:

A est inversible si, et seulement si : $\text{rg}(A) = n$.

Soit f une application linéaire de E dans F, où E et F sont deux espaces vectoriels de bases respectives $\mathcal{B}$ et $\mathcal{B}'$. Si A est la matrice de f relativement aux bases $\mathcal{B}$ et $\mathcal{B}'$. On a :

$$\text{rg}(f) = \text{rg}(A)$$

27. SOMMES, SOMMES DIRECTES SOUS-ESPACES SUPPLÉMENTAIRES

La lettre E désigne un espace vectoriel sur $\mathbb{K}$ ($\mathbb{K} = \mathbb{R}$ ou $\mathbb{C}$).

Somme de deux sous-espaces

Soit F_1 et F_2 deux sous-espaces vectoriels de E.

On appelle *somme* de F_1 et F_2 l'ensemble, noté $F_1 + F_2$, défini par :

$$F_1 + F_2 = \{x_1 + x_2,\ (x_1, x_2) \in F_1 \times F_2\}$$

La somme de deux sous-espaces de E est un sous-espace de E.

Formule de Grassmann

Si E est un espace vectoriel de dimension finie et si F_1 et F_2 sont deux sous-espaces de E, on a :

$$\dim(F_1 + F_2) = \dim F_1 + \dim F_2 - \dim(F_1 \cap F_2)$$

Somme directe de deux sous-espaces

Soit F_1 et F_2 deux sous-espaces vectoriels de E.

On dit que la somme $F_1 + F_2$ est *directe* si :

$$F_1 \cap F_2 = \{0_E\}$$

Lorsque la somme $F_1 + F_2$ est directe, elle est notée $F_1 \oplus F_2$.

Somme de r sous-espaces

La lettre r désigne un entier supérieur ou égal à 2 et F_1, F_2, ..., F_r sont des sous-espaces vectoriels de E.

On appelle somme de F_1, F_2, ..., F_r, l'ensemble noté $F_1 + ... + F_r$ ou $\sum_{i=1}^{r} F_i$, et défini par :

$$F_1 + F_2 + ... + F_r = \left\{x_1 + x_2 + ... + x_r,\ (x_1, x_2, ..., x_r) \in F_1 \times F_2 \times ... \times F_r\right\}$$

La somme de r sous-espaces de E est un sous-espace de E.

Somme directe de r sous-espaces

La lettre r désigne un entier supérieur ou égal à 2 et F_1, F_2, ..., F_r sont des sous-espaces vectoriels de E.

On dit que la somme $F = \sum_{i=1}^{r} F_i$ est directe si pour tout vecteur x de F, il existe un unique r-uplet $(x_1, x_2, ..., x_r)$ de $F_1 \times F_2 \times ... \times F_r$ tel que : $x = x_1 + x_2 + ... + x_r$.

Dans ce cas, on note $F = F_1 \oplus F_2 \oplus \ldots \oplus F_r$ ou $F = \bigoplus_{i=1}^{r} F_i$.

La somme $F_1 + F_2 + ... + F_r$ est directe si, et seulement si, pour tout r-uplet $(x_1, ..., x_r)$ de $F_1 \times ... \times F_r$, on a :

$$x_1 + x_2 + ... + x_r = 0 \ \Rightarrow\ \forall i \in [\![1, r]\!],\ x_i = 0$$

On suppose que F_1, ..., F_r sont des sous-espaces de dimension finie, de bases respectives $\mathcal{B}_1$, ..., $\mathcal{B}_r$.

La somme $F = F_1 + F_2 + ... + F_r$ est directe si, et seulement si :

$$\dim F = \sum_{i=1}^{r} \dim F_i$$

La somme $F = F_1 + F_2 + ... + F_r$ est directe si, et seulement si, la famille obtenue par concaténation (on dit aussi juxtaposition) des bases $\mathcal{B}_1$, $\mathcal{B}_2$, ..., $\mathcal{B}_r$ est une base de F.

Sous-espaces supplémentaires

Soit F_1 et F_2 deux sous-espaces vectoriels de E.

On dit que F_1 et F_2 sont *supplémentaires* dans E (ou que E est somme directe de F_1 et F_2) si :

$$\boxed{E = F_1 \oplus F_2}$$

F_1 et F_2 sont supplémentaires dans E si, et seulement si, pour tout vecteur x de E, il existe un unique couple (x_1, x_2) de $F_1 \times F_2$ tel que $x = x_1 + x_2$.

F_1 et F_2 sont supplémentaires dans E si, et seulement si :

$$F_1 \cap F_2 = \{0_E\} \text{ et } \dim F_1 + \dim F_2 = \dim E$$

La lettre r désigne un entier supérieur ou égal à 2 et F_1, F_2, ..., F_r sont des sous-espaces vectoriels de E.

$E = \bigoplus_{i=1}^{r} F_i$ si, et seulement si, les deux propriétés suivantes sont vérifiées :

- $E = \sum_{i=1}^{r} F_i$, c'est-à-dire que pour tout vecteur x de E, il existe un r-uplet $(x_1, x_2, ..., x_r)$ de $F_1 \times F_2 \times ... \times F_r$ tel que : $x = x_1 + x_2 + ... + x_r$.
- La somme $F_1 + F_2 + ... + F_r$ est directe.

&

Les mathématiques consistent à démontrer
des choses évidentes par des moyens complexes.

George Polya

28. PROJECTEURS

La lettre E désigne un espace vectoriel sur $\mathbb{K}$ ($\mathbb{K}=\mathbb{R}$ ou $\mathbb{C}$).

Définitions

Soit F_1 et F_2 deux sous-espaces vectoriels supplémentaires dans E. Pour tout vecteur x de E, on note (x_1,x_2) l'unique couple de $F_1\times F_2$ tel que : $x=x_1+x_2$.

On appelle *projecteur* de E sur F_1, parallèlement à F_2 (ou de direction F_2), l'application p qui, à tout vecteur x de E, associe $p(x)=x_1$. Le vecteur $p(x)$ est appelé le projeté de x.

Projecteurs, image et noyau

Tout projecteur de E est un endomorphisme de E.

Soit p le projecteur sur F_1, parallèlement à F_2. On a :

$$F_1=\mathrm{Im}(p)=\mathrm{Ker}(Id_E-p) \text{ et } F_2=\mathrm{Ker}(p)=\mathrm{Im}(Id_E-p)$$

$$E=\mathrm{Ker}(p)\oplus\mathrm{Im}(p)$$

Projecteurs associés

Soit F_1 et F_2 deux sous-espaces supplémentaires dans E.

Le projecteur p sur F_1, parallèlement à F_2 et le projecteur q sur F_2, parallèlement à F_1 sont appelés *projecteurs associés*.

Soit p et q deux projecteurs de E. Les projecteurs p et q sont associés si, et seulement si : $\begin{cases} p+q=Id_E \\ p\circ q=q\circ p=0 \end{cases}$.

Caractérisation du projeté

Soit p le projecteur sur F_1, parallèlement à F_2. Pour tout vecteur x de E, on a :

$y = p(x)$ si, et seulement si : $y \in F_1$ et $x - y \in F_2$.

Caractérisation des projecteurs

L'endomorphisme f de E est un projecteur de E si, et seulement si :

$$f \circ f = f$$

Plus précisément :

- Si l'endomorphisme f de E est un projecteur, alors : $f \circ f = f$.
- Si f est un endomorphisme de E tel que $f \circ f = f$, alors f est le projecteur sur $\operatorname{Im}(f)$ parallèlement à $\operatorname{Ker}(f)$.

Caractérisation matricielle des projecteurs

On suppose que l'espace E est de dimension finie. On note $\mathcal{B}$ une base de E et f un endomorphisme de E dont la matrice dans la base $\mathcal{B}$ est A.

f est un projecteur de E si, et seulement si : $A^2 = A$.

&

L'étude des mathématiques est comme le Nil,
qui commence en modestie et finit en magnificence.

Charles Caleb Colton

29. CHANGEMENT DE BASE

E désigne un espace vectoriel de dimension n ($n \in \mathbb{N}^*$), $\mathcal{B} = (e_1, \ldots, e_n)$ et $\mathcal{B}' = (e'_1, \ldots, e'_n)$ sont deux bases de E.

Matrice de passage

On appelle matrice de passage de la base $\mathcal{B}$ à la base $\mathcal{B}'$, la matrice de $\mathcal{B}'$ dans la base $\mathcal{B}$.

Si P est la matrice de passage de $\mathcal{B}$ à $\mathcal{B}'$, alors P est inversible et P^{-1} est la matrice de passage de $\mathcal{B}'$ à $\mathcal{B}$.

Formules de changement de base

On note P la matrice de passage de $\mathcal{B}$ à $\mathcal{B}'$.
Si, pour tout vecteur x de E, on note X la matrice de x dans la base $\mathcal{B}$ et X' la matrice de x dans la base $\mathcal{B}'$, alors on a :

$$X = PX'$$

Si, pour tout endomorphisme f de E, on note A la matrice de f dans la base $\mathcal{B}$ et A' la matrice de f dans la base $\mathcal{B}'$, alors on a :

$$A' = P^{-1}AP$$

Matrices semblables

Deux matrices A et A' de $\mathcal{M}_n(\mathbb{K})$ sont dites *semblables* s'il existe une matrice P de $\mathcal{M}_n(\mathbb{K})$ inversible telle que :

$$A' = P^{-1}AP$$

Deux matrices sont semblables si, et seulement si, elles sont les matrices d'un même endomorphisme de E, dans des bases différentes.

Deux matrices semblables ont même trace.

30. RÉDUCTION DES MATRICES CARRÉES

La lettre $\mathbb{K}$ désigne $\mathbb{R}$ ou $\mathbb{C}$ et A est une matrice de $\mathcal{M}_n(\mathbb{K})$.

Éléments propres d'une matrice

Le scalaire λ est une *valeur propre* de A s'il existe un vecteur colonne X **non nul** de $\mathcal{M}_{n,1}(\mathbb{K})$ tel que : $AX = \lambda X$.

L'ensemble des valeurs propres de A est appelé *spectre* de A, on le note $\mathrm{Sp}(A)$.

Si λ est une valeur propre de A, tout vecteur colonne X **non nul** de $\mathcal{M}_{n,1}(\mathbb{K})$ tel que $AX = \lambda X$ est appelé *vecteur propre* de A associé à la valeur propre λ.

L'ensemble $E_\lambda(A)$ de tous les vecteurs X tels que $AX = \lambda X$ (y compris le vecteur nul) est un sous-espace de $\mathcal{M}_{n,1}(\mathbb{K})$, appelé *sous-espace propre* de A associé à la valeur propre λ.

On a :

$$E_\lambda(A) = \left\{ X \in \mathcal{M}_{n,1}(\mathbb{K}), (A - \lambda I)X = 0 \right\}$$

Toute matrice de $\mathcal{M}_n(\mathbb{K})$ possède au plus n valeurs propres.

Le scalaire λ est valeur propre de A si, et seulement si, la matrice $A - \lambda I$ n'est pas inversible.

Les valeurs propres d'une matrice triangulaire sont ses coefficients diagonaux.

Valeurs propres et inversibilité

0 est valeur propre de A si, et seulement si, A n'est pas inversible.

A est inversible si, et seulement si, 0 n'est pas valeur propre de A.

Polynôme matriciel

A désigne une matrice de $\mathcal{M}_n(\mathbb{K})$.

Soit P un polynôme de $\mathbb{K}[X]$ tel que : $P = \sum_{k=0}^{r} a_k X^k$.

$P(A)$ est la matrice de $\mathcal{M}_n(\mathbb{K})$ définie par :

$$P(A) = \sum_{k=0}^{r} a_k A^k = a_0 I + a_1 A + \ldots + a_r A^r$$

Soit P et Q deux polynômes de $\mathbb{K}[X]$, α et β deux scalaires.

On a :

$$(\alpha P + \beta Q)(A) = \alpha P(A) + \beta Q(A) \text{ et } (PQ)(A) = P(A)Q(A)$$

Éléments propres d'un polynôme matriciel

Si P est un polynôme et si X est un vecteur propre de la matrice A, associé à la valeur propre λ, alors X est aussi vecteur propre de la matrice $P(A)$, associé à la valeur propre $P(\lambda)$.

Polynôme annulateur d'une matrice

A désigne une matrice de $\mathcal{M}_n(\mathbb{K})$.

On dit que le polynôme P est *annulateur* de A si $P(A) = 0$.

Toute matrice carrée admet au moins un polynôme annulateur non nul.

Si P est un polynôme non nul annulateur de A, alors les valeurs propres de A sont parmi les racines de P.

Matrices diagonalisables

La matrice A de $\mathcal{M}_n(\mathbb{K})$ est *diagonalisable* dans $\mathcal{M}_n(\mathbb{K})$ s'il existe une matrice P inversible et une matrice D diagonale telles que :

$$A = PDP^{-1}$$

En d'autres termes :

A est diagonalisable si A est semblable à une matrice diagonale.

Conditions suffisantes de diagonalisabilité

Soit A une matrice de $\mathcal{M}_n(\mathbb{K})$. Si A possède exactement n valeurs propres distinctes 2 à 2, alors A est diagonalisable et ses sous-espaces propres sont de dimension 1.

Toute matrice symétrique **réelle** est diagonalisable.

Critères de diagonalisabilité d'une matrice

On note $\lambda_1, ..., \lambda_p$ $(p \leq n)$ les valeurs propres d'une matrice A de $\mathcal{M}_n(\mathbb{K})$, et on désigne par $E_{\lambda_1}(A), ..., E_{\lambda_p}(A)$ les sous-espaces propres de A respectivement associés à ces valeurs propres.

A est diagonalisable si, et seulement si : $\mathcal{M}_{n,1}(\mathbb{K}) = \bigoplus_{i=1}^{p} E_{\lambda_i}(A)$.

A est diagonalisable si, et seulement si : $\sum_{i=1}^{p} \dim E_{\lambda_i}(A) = n$.

A est diagonalisable si, et seulement si, il existe une base de $\mathcal{M}_{n,1}(\mathbb{K})$ formée de vecteurs propres de A.

Si l'on désigne par $(E_1,\ldots,E_n)$ une base de $\mathcal{M}_{n,1}(\mathbb{K})$ formée de vecteurs propres de A associés respectivement aux valeurs propres $\lambda_1, ..., \lambda_n$ (non forcément distinctes), alors on a $A = PDP^{-1}$, où les colonnes de P sont $E_1,\ldots,E_n$ et où D est la matrice diagonale dont les coefficients diagonaux sont $\lambda_1, ..., \lambda_n$.

31. RÉDUCTION DES ENDOMORPHISMES

E est un espace vectoriel et *f* est un endomorphisme de *E*.

Éléments propres d'un endomorphisme

Le scalaire λ est une *valeur propre* de *f* s'il existe un vecteur *x* non nul de *E* tel que $f(x) = \lambda x$.

L'ensemble des valeurs propres de *f* est appelé *spectre* de *f*, on le note $\text{Sp}(f)$.

Si λ est une valeur propre de *f*, tout vecteur *x* non nul tel que $f(x) = \lambda x$ est appelé *vecteur propre* de *f* associé à la valeur propre λ.

L'ensemble $E_\lambda(f)$ de tous les vecteurs *x* tels que $f(x) = \lambda x$ (y compris le vecteur nul), est un sous-espace vectoriel de *E*, appelé *sous-espace propre* de *f* associé à la valeur propre λ et on a :

$$E_\lambda(f) = \text{Ker}(f - \lambda Id_E)$$

Recherche des valeurs propres

λ est valeur propre de *f* si, et seulement si, $f - \lambda Id_E$ n'est pas injectif.

0 est valeur propre de l'endomorphisme *f* si, et seulement si, *f* n'est pas injectif.

Valeurs propres en dimension finie

On suppose que *E* est un espace vectoriel de **dimension finie *n***.

L'endomorphisme *f* possède au plus *n* valeurs propres.

λ est valeur propre de *f* si, et seulement si, $f - \lambda Id_E$ n'est pas bijectif (synonyme d'injectif car *E* est ici de dimension finie).

0 est valeur propre de l'endomorphisme f si, et seulement si, f n'est pas bijectif (synonyme de "pas injectif" car E est de dimension finie).

On note $\mathcal{B}$ une base de E et A la matrice de f dans la base $\mathcal{B}$. Soit un vecteur x de E et X la matrice du vecteur x dans la base $\mathcal{B}$.

Le scalaire λ est valeur propre de f si, et seulement si, λ est valeur propre de A.
x est vecteur propre de f associé à la valeur propre λ si et seulement si X est vecteur propre de A associé à la valeur λ.

Vecteurs propres et liberté

Si $\lambda_1, ..., \lambda_p$ sont des valeurs propres 2 à 2 distinctes de f et si $x_1, ..., x_p$ sont des vecteurs propres de f associés respectivement à $\lambda_1, ..., \lambda_p$, alors $(x_1, ..., x_p)$ est libre.

Si $\lambda_1, ..., \lambda_p$ sont des valeurs propres 2 à 2 distinctes de f et si $\mathcal{B}_1, ..., \mathcal{B}_p$ sont des bases des sous-espaces propres de f associés à ces valeurs propres, alors la famille obtenue en concaténant les bases $\mathcal{B}_1, ..., \mathcal{B}_p$ est libre.

Polynôme d'endomorphisme

Soit E un espace vectoriel et f un endomorphisme de E.

Soit P un polynôme de $\mathbb{K}[X]$ tel que : $P = \sum_{k=0}^{r} a_k X^k$.

$P(f)$ est l'endomorphisme de E défini par :

$$P(f) = \sum_{k=0}^{r} a_k f^k = a_0 Id_E + a_1 f + ... + a_r f^r$$

Soit P et Q deux polynômes de $\mathbb{K}[X]$, α et β deux éléments de $\mathbb{K}$. On a :

$$(\alpha P + \beta Q)(f) = \alpha P(f) + \beta Q(f) \text{ et } (PQ)(f) = P(f) \circ Q(f)$$

Éléments propres d'un polynôme d'endomorphisme

Si P est un polynôme et si x est un vecteur propre de l'endomorphisme f, associé à la valeur propre λ, alors x est vecteur propre de l'endomorphisme $P(f)$, associé à la valeur propre $P(\lambda)$.

Polynôme annulateur d'un endomorphisme

Soit E un espace vectoriel et f un endomorphisme de E.
On dit que le polynôme P est *annulateur* de f si : $P(f)=0$.

Si E est de dimension **finie**, tout endomorphisme de E admet au moins un polynôme annulateur non nul.

Si P est un polynôme non nul annulateur de f, alors les valeurs propres de f sont parmi les racines de P.

Endomorphisme diagonalisable

Soit E un espace vectoriel de **dimension finie** et f un endomorphisme de E.

On dit que f est *diagonalisable* s'il existe une base de E formée de vecteurs propres de f.

Condition suffisante de diagonalisabilité

Soit E un espace vectoriel de **dimension n** et f un endomorphisme de E.

Si f possède exactement n valeurs propres 2 à 2 distinctes, alors f est diagonalisable et ses sous-espaces propres sont de dimension 1.

Critères de diagonalisabilité d'un endomorphisme

On note $\lambda_1, ..., \lambda_p$ $(p \leq n)$ les valeurs propres de f, et on désigne par $E_{\lambda_1}(f), ..., E_{\lambda_p}(f)$ les sous-espaces propres de f respectivement associés à ces valeurs propres.

f est diagonalisable si, et seulement si : $E = \bigoplus_{i=1}^{p} E_{\lambda_i}(f)$.

f est diagonalisable si, et seulement si : $\sum_{i=1}^{p} \dim E_{\lambda_i}(f) = \dim E$.

Diagonalisabilité endomorphisme-matrice

L'endomorphisme f de E est diagonalisable si, et seulement si, il existe une base de E dans laquelle sa matrice est diagonale.

Soit $\mathcal{B}$ une base de E et A la matrice d'un endomorphisme f dans la base $\mathcal{B}$.

L'endomorphisme f est diagonalisable si, et seulement si, la matrice A est diagonalisable.

Dans ce cas, si $\mathcal{B}' = (\varepsilon_1, \ldots, \varepsilon_n)$ est une base de E formée de vecteurs propres de f respectivement associés aux valeurs propres λ_1, ..., λ_n, on a $A = PDP^{-1}$, où P est la matrice de passage de $\mathcal{B}$ à $\mathcal{B}'$ et D la matrice diagonale dont les coefficients diagonaux sont λ_1, ..., λ_n.

&

Les mathématiques peuvent être définies
comme une science dans laquelle on ne sait jamais
de quoi on parle ni si ce que l'on dit est vrai.

Bertrand Russel

32. PRODUIT SCALAIRE ET NORME

La lettre E désigne un espace vectoriel sur $\mathbb{R}$.

Forme bilinéaire

On appelle *forme bilinéaire* sur E, toute application f de $E \times E$ dans $\mathbb{R}$ qui vérifie :

- $\forall (x_1, x_2, y) \in E^3$, $\forall \lambda \in \mathbb{R}$, $f(\lambda x_1 + x_2, y) = \lambda f(x_1, y) + f(x_2, y)$.
- $\forall (x, y_1, y_2) \in E^3$, $\forall \mu \in \mathbb{R}$, $f(x, \mu y_1 + y_2) = \mu f(x, y_1) + f(x, y_2)$.

Définitions

On dit que la forme bilinéaire f sur E est *symétrique* si, pour tout couple (x, y) de vecteurs de E, on a : $f(x,y) = f(y,x)$.

On dit que la forme bilinéaire f sur E est *positive* si, pour tout vecteur x de E, on a : $f(x,x) \geq 0$.

On dit que la forme bilinéaire f sur E est *définie* si, pour tout vecteur x de E, on a : $f(x,x) = 0 \;\Rightarrow\; x = 0$.

Produit scalaire

On appelle *produit scalaire sur E*, toute forme bilinéaire sur E, symétrique, positive et définie.

Lorsque f est un produit scalaire sur E, $f(x,y)$ est noté $\langle x, y \rangle$.

Pour tout couple (x,y) de vecteurs de E, on a :

$$\langle x, 0 \rangle = 0 \text{ et } \langle 0, y \rangle = 0$$

Formule de bilinéarité

Soit E un espace vectoriel muni d'un produit scalaire noté $\langle\ ,\ \rangle$.

Quels que soient les vecteurs $e_1, \ldots, e_n, f_1, \ldots, f_p$ de E et les réels $\lambda_1, \ldots, \lambda_n, \mu_1, \ldots, \mu_p$, on a :

$$\left\langle \sum_{i=1}^{n} \lambda_i e_i, \sum_{j=1}^{p} \mu_j f_j \right\rangle = \sum_{i=1}^{n} \sum_{j=1}^{p} \lambda_i \mu_j \langle e_i, f_j \rangle$$

Norme euclidienne

E est un espace vectoriel muni d'un produit scalaire noté $\langle\ ,\ \rangle$.

On appelle *norme euclidienne* associée au produit scalaire $\langle\ ,\ \rangle$, l'application qui, à tout vecteur x de E, associe le réel $\sqrt{\langle x, x \rangle}$.

Ce réel est appelé norme du vecteur x et on note : $\| x \| = \sqrt{\langle x, x \rangle}$.

On dit qu'un vecteur x de E est *normé* ou *unitaire* si : $\| x \| = 1$.

Propriétés

Pour tout vecteur x de E et pour tout réel λ, on a :

- $\| x \| \geq 0$.
- $\| x \| = 0 \iff x = 0$.
- $\| \lambda x \| = |\lambda| \, \| x \|$.

Produit scalaire et norme

Pour tout couple (x, y) de vecteurs de E, on a :

$$\| x + y \|^2 = \| x \|^2 + \| y \|^2 + 2\langle x, y \rangle$$

De façon équivalente, on a aussi :

$$\langle x, y\rangle = \frac{1}{2}\left(\| x+y\|^2 - \| x\|^2 - \| y\|^2\right)$$

Il faut savoir montrer que

$$\langle x, y\rangle = \frac{1}{4}\left(\| x+y\|^2 - \| x-y\|^2\right)$$

Inégalité triangulaire

Pour tout couple (x, y) de vecteurs de E, on a :

$$\| x+y\| \leq \| x\| + \| y\|$$

Il faut savoir en déduire que, pour tout couple (x, y) de vecteurs de E, on a :

$$\big|\, \| x\| - \| y\| \,\big| \leq \| x-y\|$$

Inégalité de Cauchy-Schwarz

Pour tout couple (x, y) de vecteurs de E, on a :

$$\left|\langle x, y\rangle\right| \leq \| x\| \| y\| \text{ ou } \langle x, y\rangle^2 \leq \| x\|^2 \| y\|^2$$

avec égalité si, et seulement si, la famille (x, y) est liée.

Produit scalaire canonique de $\mathbb{R}^n$

Soit deux vecteurs $x = (x_1, \ldots, x_n)$ et $y = (y_1, \ldots, y_n)$ de $\mathbb{R}^n$.

$\langle x, y\rangle = \sum_{i=1}^{n} x_i y_i$ définit un produit scalaire sur $\mathbb{R}^n$, appelé *produit scalaire canonique de* $\mathbb{R}^n$.

$\| x\| = \sqrt{\sum_{i=1}^{n} x_i^2}$ est la *norme euclidienne canonique* du vecteur x.

Produit scalaire canonique de $\mathcal{M}_{n,1}(\mathbb{R})$

Soit deux vecteurs $X = \begin{pmatrix} x_1 \\ \vdots \\ x_n \end{pmatrix}$ et $Y = \begin{pmatrix} y_1 \\ \vdots \\ y_n \end{pmatrix}$ de $\mathcal{M}_{n,1}(\mathbb{R})$.

$\langle X,Y \rangle = {}^tXY = \sum_{i=1}^{n} x_i y_i$ définit un produit scalaire sur $\mathcal{M}_{n,1}(\mathbb{R})$, appelé *produit scalaire canonique de* $\mathcal{M}_{n,1}(\mathbb{R})$.

$\| x \| = \sqrt{{}^tXX} = \sqrt{\sum_{i=1}^{n} x_i^2}$ est la *norme euclidienne canonique* du vecteur X.

Inégalité de Cauchy-Schwarz dans $\mathbb{R}^n$

Cette inégalité, appliquée au produit scalaire canonique de $\mathbb{R}^n$ ou à celui de $\mathcal{M}_{n,1}(\mathbb{R})$, s'écrit :

Quels que soient les réels $x_1, \ldots, x_n, y_1, \ldots, y_n$, on a :

$$\left(\sum_{i=1}^{n} x_i y_i\right)^2 \leq \left(\sum_{i=1}^{n} x_i^2\right)\left(\sum_{i=1}^{n} y_i^2\right)$$

&

Les mathématiques sont la clef pour comprendre
et maîtriser nos mondes physiques sociaux et biologiques.

Morris Kline

33. ORTHOGONALITÉ

La lettre E désigne un $\mathbb{R}$-espace vectoriel muni d'un produit scalaire noté $\langle\ ,\ \rangle$. La norme d'un vecteur x de E est notée $\|x\|$.

Vecteurs orthogonaux

Deux vecteurs x et y de E sont *orthogonaux*, et on note $x \perp y$, si :

$$\langle x, y\rangle = 0$$

Le seul vecteur orthogonal à tout vecteur de E est le vecteur nul.

Théorème de Pythagore

Soit x et y deux vecteurs de E. On a :

$$x \perp y \quad \Leftrightarrow \quad \|x+y\|^2 = \|x\|^2 + \|y\|^2$$

Sous-espaces orthogonaux

On dit que deux sous-espaces vectoriels A et B de E sont *orthogonaux*, et on note $A \perp B$, si :

$$\forall (a,b) \in A \times B\ ,\ \langle a, b\rangle = 0$$

Familles orthogonales

On dit que la famille $(e_1,\dots,e_p)$ de vecteurs de E est *orthogonale* si :

$$\forall (i,j) \in [\![1,p]\!]^2\ ,\ i \neq j\ \Rightarrow\ \langle e_i, e_j\rangle = 0$$

Toute famille orthogonale de E ne contenant pas le vecteur nul est libre.

Familles orthonormales

On dit que la famille $(e_1,...,e_p)$ de vecteurs de E est *orthonormale* si elle est orthogonale et si :

$$\forall i \in [\![1,p]\!],\ \|e_i\| = 1$$

Toute famille orthonormale de E est libre.

Procédé d'orthonormalisation de Schmidt

Soit p un entier supérieur ou égal à 2 et $(e_1,...,e_p)$ une famille libre de vecteurs de E. On note ε_1, ..., ε_p les vecteurs définis de la manière suivante :

$$\varepsilon_1 = \frac{1}{\|e_1\|} e_1$$

$$\forall k \in [\![2,p]\!],\ \varepsilon_k = \frac{1}{\left\| e_k - \sum_{i=1}^{k-1} \langle e_k, \varepsilon_i \rangle \varepsilon_i \right\|} \left(e_k - \sum_{i=1}^{k-1} \langle e_k, \varepsilon_i \rangle \varepsilon_i \right).$$

La famille $(\varepsilon_1,...,\varepsilon_p)$, ainsi construite, est orthonormale.

De plus, pour tout k élément de $[\![1,p]\!]$, on a :

$$\text{Vect}(\varepsilon_1,...,\varepsilon_k) = \text{Vect}(e_1,...,e_k)$$

Les mathématiques ne sont pas
une moindre immensité que la mer.

Victor Hugo

34. ESPACES EUCLIDIENS

E désigne un espace vectoriel sur $\mathbb{R}$, de dimension finie n, et muni d'un produit scalaire noté $\langle\ ,\ \rangle$. La norme d'un vecteur x de E est notée $\|x\|$.

Définition

On appelle *espace euclidien*, tout $\mathbb{R}$-espace vectoriel de dimension finie, muni d'un produit scalaire.

Base orthogonale

On dit qu'une famille $\mathcal{B}$ de vecteurs de E est une *base orthogonale* de E si $\mathcal{B}$ est à la fois une famille orthogonale et une base de E.

Toute famille orthogonale formée de n vecteurs non nuls de E (avec $n = \dim E$), est une base orthogonale de E.

Base orthonormale

On dit qu'une famille $\mathcal{B}$ de vecteurs de E est une *base orthonormale* (ou *orthonormée*) de E si $\mathcal{B}$ est à la fois une famille orthonormale et une base de E.

Toute famille orthonormale formée de n vecteurs de E (avec $n = \dim E$), est une base orthonormale de E.

Exemples fondamentaux

L'espace vectoriel $\mathbb{R}^n$ est un espace vectoriel euclidien et la base canonique de $\mathbb{R}^n$ est une base orthonormale pour le produit scalaire canonique de $\mathbb{R}^n$.

L'espace vectoriel $\mathcal{M}_{n,1}(\mathbb{R})$ est un espace vectoriel euclidien et la base canonique de $\mathcal{M}_{n,1}(\mathbb{R})$ est une base orthonormale pour le produit scalaire canonique de $\mathcal{M}_{n,1}(\mathbb{R})$.

Existence de bases orthonormales

Tout espace vectoriel euclidien possède au moins une base orthonormale.

Théorème de la base orthonormale incomplète

Toute famille orthonormale de E peut être complétée en une base orthonormale de E.

Calculs en base orthonormale

Soit $\mathcal{B}=(\varepsilon_1,...,\varepsilon_n)$ une **base orthonormale** de E.

Pour tout vecteur x de E, on a :

$$x=\sum_{i=1}^{n}\langle x,\varepsilon_i\rangle\,\varepsilon_i$$

Soit $\mathcal{B}=(\varepsilon_1,...,\varepsilon_n)$ une **base orthonormale** de E, x et y deux vecteurs de E de coordonnées respectives $(x_1,...,x_n)$ et $(y_1,...,y_n)$ dans la base $\mathcal{B}$. On note X et Y les matrices de x et de y dans $\mathcal{B}$, c'est-à-dire : $X=\begin{pmatrix}x_1\\ \vdots\\ x_n\end{pmatrix}$ et $Y=\begin{pmatrix}y_1\\ \vdots\\ y_n\end{pmatrix}$. On a les égalités suivantes :

$$\langle x,y\rangle=\sum_{i=1}^{n}x_iy_i={}^tXY \quad \text{et} \quad \|x\|^2=\sum_{i=1}^{n}x_i^2={}^tXX$$

Supplémentaire orthogonal d'un sous-espace

Soit F un sous-espace vectoriel de E. On appelle *supplémentaire orthogonal* de F, et on note $F^{\perp}$, l'ensemble défini par :

$$F^{\perp}=\{x\in E,\forall y\in F,\langle x,y\rangle=0\}$$

Propriétés du supplémentaire orthogonal

$$\{0_E\}^{\perp}=E \quad \text{et} \quad E^{\perp}=\{0_E\}$$

Pour tout sous-espace vectoriel F de E, $F^{\perp}$ est un sous-espace vectoriel de E.

Pour tout sous-espace vectoriel F de E, on a : $\left(F^{\perp}\right)^{\perp} = F$.

Si A et B sont deux sous-espaces de E, on a les équivalences :

$$A \perp B \Leftrightarrow A \subset B^{\perp} \Leftrightarrow B \subset A^{\perp}$$

Théorème du supplémentaire orthogonal

Pour tout sous-espace F de E, on a :

$$E = F \oplus F^{\perp}$$

Parmi les supplémentaires de F, $F^{\perp}$ est le seul qui est orthogonal à F.

Pour tout sous-espace vectoriel F de E, on a :

$$\dim F^{\perp} = \dim E - \dim F$$

Projecteur orthogonal

Soit F un sous-espace de E. On appelle projecteur orthogonal sur F, noté p_F, le projecteur sur F parallèlement à $F^{\perp}$.

Le projecteur associé à p_F est $p_{F^{\perp}}$, qui est le projecteur orthogonal sur $F^{\perp}$.

Projecteurs orthogonaux, noyau, image

Soit p un projecteur. Le projecteur p est orthogonal si, et seulement si :

$$\operatorname{Im}(p) \perp \operatorname{Ker}(p)$$

Caractérisation du projeté orthogonal

Soit F un sous-espace vectoriel de E et p_F le projecteur orthogonal sur F. Pour tout vecteur x de E, on a :

$$p_F(x) \in F \text{ et } x - p_F(x) \in F^{\perp}$$

Matrice d'un projecteur orthogonal

Soit F un sous-espace vectoriel de E et p_F le projecteur orthogonal sur F. Si $(u_1,...,u_r)$ est une **base orthonormale de F**, alors, pour tout vecteur x de E, on a :

$$p_F(x)=\sum_{i=1}^{r}\langle x,u_i\rangle u_i$$

Si $\mathcal{B}$ est une base orthonormale de E, alors en notant U_i le vecteur colonne des coordonnées de u_i dans $\mathcal{B}$, on a :

$$\text{mat}_{\mathcal{B}}(p_F)=\sum_{i=1}^{r}U_i\,{}^tU_i$$

Minimisation par projection orthogonale

Soit a un vecteur de E, F un sous-espace de E et p_F le projecteur orthogonal sur F. L'ensemble $\{\|a-u\|,\ u\in F\}$ admet un minimum atteint en un unique vecteur v de F défini par $v=p_F(a)$.

On a donc l'équivalence :

$$v=p_F(a)\ \Leftrightarrow\ \|a-v\|=\min_{u\in F}\|a-u\|$$

Théorème des pseudo solutions

La norme utilisée est la norme euclidienne canonique de $\mathcal{M}_{n,1}(\mathbb{R})$.

Soit A une matrice de $\mathcal{M}_{n,p}(\mathbb{R})$ de rang p et B une matrice de $\mathcal{M}_{n,1}(\mathbb{R})$. L'ensemble $\{\|AX-B\|,\ X\in\mathcal{M}_{p,1}(\mathbb{R})\}$ admet un minimum atteint en un unique vecteur colonne X_0 de $\mathcal{M}_{p,1}(\mathbb{R})$.
On dit que X_0 est une pseudo solution de l'équation $AX=B$.
Remarque. Il n'est pas nécessaire de l'apprendre, mais X_0 est défini par : $X_0=\left({}^tAA\right)^{-1}{}^tAB$.

35. ENDOMORPHISMES SYMÉTRIQUES FORMES QUADRATIQUES

Dans ce chapitre, E désigne un espace vectoriel euclidien de dimension n ($n \in \mathbb{N}^*$). Le produit scalaire est noté $\langle \, , \rangle$.

Endomorphisme symétrique

Un endomorphisme f de E est dit *symétrique* si, pour tout couple (x, y) de vecteurs de E, on a :

$$\langle f(x), y \rangle = \langle x, f(y) \rangle$$

L'ensemble des endomorphismes symétriques de E est un sous-espace vectoriel de $\mathcal{L}(E)$.

L'endomorphisme f de E est symétrique si, et seulement si, il existe une base orthonormale $\mathcal{B}$ de E dans laquelle la matrice de f est symétrique à coefficients réels.

Réduction des endomorphismes symétriques

Tout endomorphisme symétrique de E possède au moins une valeur propre, et toutes ses valeurs propres sont réelles.

Tout endomorphisme symétrique de E est diagonalisable, et ses sous-espaces propres sont deux à deux orthogonaux.

L'endomorphisme f de E est symétrique si, et seulement si, il existe une base orthonormale de E formée de vecteurs propres pour f.

Ce dernier théorème est souvent utilisé dans le sens suivant :
Si l'endomorphisme f est symétrique, alors il existe une base orthonormale de E formée de vecteurs propres pour f (la matrice de f dans cette base étant, bien sûr, diagonale).

Matrices orthogonales

Toute matrice Ω de $\mathcal{M}_n(\mathbb{R})$ qui vérifie ${}^t\Omega\Omega = I_n$ est appelée matrice *orthogonale*.

Si Ω est une matrice orthogonale, alors Ω est inversible et $\Omega^{-1} = {}^t\Omega$.

Toute matrice de passage entre deux bases orthonormales de E est une matrice orthogonale.

Réduction des matrices symétriques réelles

L'expression "*A est une matrice symétrique réelle*" signifie que A est une matrice symétrique à coefficients réels.

Toute matrice symétrique réelle possède au moins une valeur propre et toutes ses valeurs propres sont réelles.

Toute matrice symétrique réelle est diagonalisable et ses sous-espaces propres sont deux à deux orthogonaux.

La matrice A de $\mathcal{M}_n(\mathbb{R})$ est symétrique si, et seulement si, il existe une base orthonormale de $\mathcal{M}_{n,1}(\mathbb{R})$ formée de vecteurs propres pour A.

La matrice A de $\mathcal{M}_n(\mathbb{R})$ est symétrique si, et seulement si, il existe une matrice orthogonale P et une matrice diagonale D telles que : $A = PD\,{}^tP$.

Soit A une matrice symétrique réelle d'ordre n. Si on note $(X_1, X_2, \ldots, X_n)$ une **base orthonormale** de $\mathcal{M}_{n,1}(\mathbb{R})$ telle que, pour tout i élément de $[\![1,n]\!]$, X_i soit un vecteur propre de A associé à la valeur propre λ_i, alors on a :

$$A = \sum_{i=1}^{n} \lambda_i X_i\,{}^tX_i$$

Formes quadratiques

$\mathbb{R}^n$ est muni de sa structure euclidienne canonique. Pour tout vecteur x de $\mathbb{R}^n$, on note X l'élément de $\mathcal{M}_{n,1}(\mathbb{R})$ formé des coordonnées du vecteur x dans la base canonique de $\mathbb{R}^n$.

Soit A une matrice symétrique réelle. On appelle *forme quadratique* associée à la matrice A, l'application q de $\mathbb{R}^n$ dans $\mathbb{R}$ définie, pour tout vecteur x de $\mathbb{R}^n$, par :

$$q(x) = {}^tX\,A\,X$$

Soit A une matrice symétrique réelle et q la forme quadratique associée à la matrice A. Si f désigne l'endomorphisme symétrique de $\mathbb{R}^n$ canoniquement associé à la matrice A, alors pour tout vecteur x de $\mathbb{R}^n$, on a : $q(x) = \langle x,\ f(x) \rangle$.

Une forme quadratique est ainsi indifféremment associée à une matrice symétrique réelle A ou à l'endomorphisme symétrique de $\mathbb{R}^n$ canoniquement associé à A.

Signe d'une forme quadratique

Soit f un endomorphisme symétrique et q la forme quadratique associée à f.

Les valeurs propres de f sont positives si, et seulement si :

$$\forall x \in \mathbb{R}^n,\ q(x) \geq 0$$

Les valeurs propres de f sont négatives si, et seulement si :

$$\forall x \in \mathbb{R}^n,\ q(x) \leq 0$$

Les valeurs propres de f sont strictement positives si, et seulement si : $\forall x \in \mathbb{R}^n \setminus \{0\},\ q(x) > 0$.

Les valeurs propres de f sont strictement négatives si, et seulement si : $\forall x \in \mathbb{R}^n \setminus \{0\},\ q(x) < 0$.

36. ESPACES PROBABILISÉS

Épreuve aléatoire

On appelle *épreuve aléatoire* (ou expérience aléatoire) une expérience dont les résultats ne dépendent que du hasard.

L'ensemble de tous les résultats possibles, noté Ω, est appelé *univers* associé à l'expérience.

Tribu d'événements

On appelle *tribu* (ou σ-algèbre) tout sous-ensemble de $\mathcal{P}(\Omega)$, noté $\mathcal{A}$, et vérifiant :

(1) $\Omega \in \mathcal{A}$.

(2) Si $A \in \mathcal{A}$, alors $\overline{A} \in \mathcal{A}$.

(3) Si I désigne une partie quelconque de $\mathbb{N}$ et si $(A_k)_{k\in I}$ est une suite d'événements (éléments de $\mathcal{A}$), alors $\bigcup_{k\in I} A_k \in \mathcal{A}$.

Tout élément de $\mathcal{A}$ est appelé *événement* et le couple $(\Omega, \mathcal{A})$ est appelé espace probabilisable.

Événements particuliers

Ω est appelé l'événement certain.
$\varnothing$ est appelé l'événement impossible.
Les singletons de Ω (parties à 1 élément) sont appelés événements élémentaires.

Intersection

L'événement $A \cap B$ est l'événement qui est réalisé si A **et** B le sont.

Réunion

$A \cup B$ est l'événement qui est réalisé si **l'un au moins** des événements A ou B est réalisé.

Événement contraire

$\overline{A}$ est l'événement qui est réalisé si et seulement si A ne l'est pas.

Comparaison des événements

$A \subset B$ signifie que A est inclus dans B, c'est-à-dire que la réalisation de A implique celle de B.

Deux événements A et B sont égaux si l'on a : $A \subset B$ et $B \subset A$.

Incompatibilité

Deux événements A et B sont dits incompatibles si $A \cap B = \varnothing$.

Système complet d'événements

En désignant par I une partie (finie ou infinie) de $\mathbb{N}$, la famille $(A_k)_{k \in I}$ est un système complet d'événements si :

(1) $\bigcup\limits_{k \in I} A_k = \Omega$

(2) $\forall (i,j) \in I^2,\ i \neq j,\ A_i \cap A_j = \varnothing$ (incompatibilité)

Probabilité

On appelle *probabilité* définie sur un espace probabilisable $(\Omega, \mathcal{A})$, toute application P de $\mathcal{A}$ dans $[0,1]$, σ-additive et telle que $P(\Omega) = 1$.

Remarque. « P est σ-additive » signifie que, si I désigne une partie quelconque de $\mathbb{N}$ et si $(A_k)_{k \in I}$ est une suite d'événements 2 à 2 incompatibles, alors on a : $P\left(\bigcup\limits_{k \in I} A_k\right) = \sum\limits_{k \in I} P(A_k)$.

Espace probabilisé

Le triplet $(\Omega, \mathcal{A}, P)$ est appelé espace probabilisé.

Événements quasi certains, quasi impossibles

Un événement A de probabilité égale à 1 est dit *quasi certain*.
On dit aussi qu'*il est presque sûr* que A se réalise.

Un événement A de probabilité nulle est dit *quasi impossible*.
On dit aussi qu'*il est presque sûr* que A ne se réalise pas.

Équiprobabilité

Lors d'une épreuve aléatoire pour laquelle Ω est fini, on dit que l'on est en situation d'équiprobabilité lorsque les événements élémentaires ont tous la même probabilité.

Dans le cas de l'équiprobabilité, on a : $P(A) = \dfrac{\text{card}(A)}{\text{card}(\Omega)}$.

Conséquences de la définition d'une probabilité

Pour toute famille finie ou dénombrable $(A_i)_{i\in I}$ d'événements deux à deux incompatibles, on a :

$$P\left(\bigcup_{i\in I} A_i\right) = \sum_{i\in I} P(A_i)$$

Pour tout événement A, on a : $P(\overline{A}) = 1 - P(A)$.

On a, en particulier : $P(\varnothing) = 0$.

Pour tout événement A, on a : $0 \leq P(A) \leq 1$.

Croissance de la probabilité

Si A et B sont deux événements et si $A \subset B$, alors $P(A) \leq P(B)$.

Théorèmes de limite monotone

Si (A_n) est une suite **croissante** d'événements, alors :

$$P\left(\bigcup_{k=0}^{+\infty} A_k\right) = \lim_{n \to +\infty} P(A_n)$$

Si (A_n) est une suite **décroissante** d'événements, alors :

$$P\left(\bigcap_{k=0}^{+\infty} A_k\right) = \lim_{n \to +\infty} P(A_n)$$

Conséquence des théorèmes de limite monotone

Si (A_n) est une suite **quelconque** d'événements, alors on a :

$$P\left(\bigcup_{k=0}^{+\infty} A_k\right) = \lim_{n \to +\infty} P\left(\bigcup_{k=0}^{n} A_k\right)$$

$$P\left(\bigcap_{k=0}^{+\infty} A_k\right) = \lim_{n \to +\infty} P\left(\bigcap_{k=0}^{n} A_n\right)$$

Formule du crible (ou formule de Poincaré)

Si A et B sont deux événements, on a :

$$P(A \cup B) = P(A) + P(B) - P(A \cap B)$$

Si A, B et C sont trois événements, on a :

$$\begin{aligned} P(A \cup B \cup C) = P(A) + P(B) + P(C) \\ - P(A \cap B) - P(B \cap C) - P(A \cap C) \\ + P(A \cap B \cap C) \end{aligned}$$

37. CONDITIONNEMENT ET INDÉPENDANCE

Probabilité conditionnelle

Soit A et B deux événements d'un espace probabilisé $(\Omega, \mathcal{A}, P)$, l'événement B étant de probabilité non nulle.
On appelle *probabilité de A sachant que B est réalisé* ou *probabilité de A sachant B* ou encore *probabilité de A conditionnellement à l'événement B*, le réel noté $P_B(A)$, défini par :

$$P_B(A) = \frac{P(A \cap B)}{P(B)}$$

Une nouvelle probabilité

L'application P_B est une probabilité définie sur $(\Omega, \mathcal{A})$.

Conséquences

$$P_B(\Omega) = 1 \text{ et } P_B(\varnothing) = 0$$
$$P_B(\overline{A}) = 1 - P_B(A)$$
$$P_B(E \cup F) = P_B(E) + P_B(F) - P_B(E \cap F)$$

Formule des probabilités composées

Si $A_1, A_2, \ldots, A_n$ sont n événements d'un même espace probabilisé $(\Omega, \mathcal{A}, P)$, tels que $P(A_1 \cap A_2 \cap \ldots \cap A_{n-1}) \neq 0$, alors on a :

$$P\left(\bigcap_{k=1}^{n} A_k\right) = P(A_1)\, P_{A_1}(A_2)\, P_{A_1 \cap A_2}(A_3) \ldots P_{A_1 \cap A_2 \cap \ldots \cap A_{n-1}}(A_n)$$

Formule des probabilités totales

Soit I une partie de $\mathbb{N}$. Si $(A_k)_{k \in I}$ est un système complet d'événements, alors pour tout événement B, on a :

$$P(B) = \sum_{k \in I} P(B \cap A_k)$$

Formule des probabilités totales (bis)

Soit I une partie de $\mathbb{N}$.

Si $(A_k)_{k\in I}$ est un système complet d'événements, tous de probabilité non nulle, alors pour tout événement B, on a :

$$P(B) = \sum_{k\in I} P(A_k)P_{A_k}(B)$$

Formule de Bayes

Si A et B sont deux événements de probabilité non nulle, on a :

$$P_B(A) = \frac{P(A)P_A(B)}{P(B)}$$

Formule de Bayes généralisée

Soit I une partie de $\mathbb{N}$.

Si $(A_k)_{k\in I}$ est un système complet d'événements, tous de probabilité non nulle, alors pour tout événement B de probabilité non nulle, on a :

$$\forall i \in I,\ P_B(A_i) = \frac{P(A_i)P_{A_i}(B)}{\sum_{k\in I} P(A_k)P_{A_k}(B)}$$

Indépendance de deux événements

Deux événements A et B définis sur un même espace probabilisé $(\Omega, \mathcal{A}, P)$ sont indépendants si :

$$P(A\cap B) = P(A)P(B)$$

Si A est de probabilité non nulle, alors A et B sont indépendants si et seulement si :

$$P_A(B) = P(B)$$

Si deux événements A et B sont indépendants, alors A et $\overline{B}$ sont indépendants, $\overline{A}$ et B sont indépendants, et, pour finir, $\overline{A}$ et $\overline{B}$ sont indépendants.

Indépendance deux à deux d'événements

Soit I une partie de $\mathbb{N}$ et $(E_k)_{k\in I}$ une famille d'événements définis sur un espace probabilisé $(\Omega, \mathcal{A}, P)$.
On dit que ces événements sont deux à deux indépendants si, pour tout couple (i, j) d'éléments distincts de I, les événements E_i et E_j sont indépendants.

Indépendance mutuelle

Soit I une partie, finie ou non, de $\mathbb{N}$ et $(E_k)_{k\in I}$ une famille d'événements définis sur un espace probabilisé $(\Omega, \mathcal{A}, P)$.
On dit que ces événements sont mutuellement indépendants si, pour tout k de $\mathbb{N}^*$ et pour toute liste $(i_1, i_2, ..., i_k)$ d'éléments distincts de I, on a :

$$P(E_{i_1} \cap E_{i_2} \cap ... \cap E_{i_k}) = P(E_{i_1})P(E_{i_2}) ... P(E_{i_k})$$

"Lemme des coalitions"

Si des événements sont mutuellement indépendants alors tout événement formé avec certains d'entre eux est indépendant de tout événement formé à partir des autres.

&

Si nous attribuons les phénomènes inexpliqués au hasard, ce n'est que par des lacunes de notre connaissance.

Pierre-Simon Laplace

38. VARIABLES ALÉATOIRES GÉNÉRALITÉS

Définition d'une variable aléatoire

On appelle *variable aléatoire* définie sur l'espace probabilisable $(\Omega, \mathcal{A})$, toute application X de Ω dans $\mathbb{R}$ telle que, pour tout réel x, l'ensemble $\{\omega \in \Omega, X(\omega) \leq x\}$, noté $(X \leq x)$, appartient à $\mathcal{A}$.

Support d'une variable aléatoire

L'ensemble des valeurs que peut prendre une variable aléatoire X est appelé le *support* de X et est noté $X(\Omega)$.

Fonction de répartition

Si X est une variable aléatoire, on appelle *fonction de répartition* de X, la fonction F définie par :

$$\forall x \in \mathbb{R}, \; F(x) = P(X \leq x)$$

Fonction de répartition et intervalles

Soit X une variable aléatoire, de fonction de répartition F.

$$\forall (a,b) \in \mathbb{R}^2, a < b, \; P(a < X \leq b) = F(b) - F(a)$$

Propriétés des fonctions de répartition

Toute fonction de répartition F d'une variable aléatoire X, discrète ou non, est croissante sur $\mathbb{R}$, continue à droite en tout réel, et vérifie $\lim\limits_{x \to -\infty} F(x) = 0$ et $\lim\limits_{x \to +\infty} F(x) = 1$.

Si de plus, F est continue sur $\mathbb{R}$ et de classe C^1 sur $\mathbb{R}$, sauf éventuellement en un nombre fini de points, alors X est une variable à densité.

39. VARIABLES ALÉATOIRES DISCRÈTES LOI ET FONCTION DE RÉPARTITION

Variable aléatoire discrète

Une variable aléatoire est discrète si son support est fini ou dénombrable.

Système complet d'événements associé

La famille $(X = x)_{x \in X(\Omega)}$ est appelée *système complet d'événements* associé à la variable aléatoire discrète X.

Loi d'une variable aléatoire discrète

Déterminer la loi d'une variable aléatoire discrète X, définie sur $(\Omega, \mathcal{A}, P)$, c'est trouver $X(\Omega)$, puis donner, pour tout x de $X(\Omega)$, la valeur de $P(X = x)$.

Si X est une variable aléatoire discrète, définie sur $(\Omega, \mathcal{A}, P)$, dont le support est $X(\Omega)$, on a : $\sum_{x \in X(\Omega)} P(X = x) = 1$.

Soit une partie I de $\mathbb{N}$. On dit que la suite $(u_n)_{n \in I}$ définit la loi de probabilité d'une certaine variable aléatoire X dont le support est I, si :

$$\forall n \in I,\ u_n > 0 \text{ et } \sum_{n \in I} u_n = 1$$

Si tel est le cas, on a : $\forall n \in I,\ P(X = n) = u_n$.

Fonction de répartition d'une variable entière

Si X prend ses valeurs dans $\mathbb{N}$, alors, en désignant par F sa fonction de répartition, on a : $F(n) = P(X \leq n) = \sum_{k=0}^{n} P(X = k)$.

On en déduit : $\forall n \in \mathbb{N}^*,\ P(X = n) = F(n) - F(n-1)$

40. VARIABLES ALÉATOIRES DISCRÈTES ESPÉRANCE ET VARIANCE

Espérance d'une variable aléatoire discrète

Si X est une variable aléatoire discrète **finie**, définie sur l'espace probabilisé $(\Omega, \mathcal{A}, P)$, alors X admet une *espérance*.
Si X est une variable aléatoire discrète **infinie**, définie sur l'espace probabilisé $(\Omega, \mathcal{A}, P)$, alors X admet une *espérance* si et seulement si la série de terme général $x P(X = x)$ est **absolument convergente**.
Dans les deux cas, l'espérance $E(X)$ est définie par :

$$E(X) = \sum_{x \in X(\Omega)} x P(X = x)$$

Deux cas particuliers

Si $X(\Omega) = [\![0, n]\!]$, alors X possède une espérance et on a :

$$E(X) = \sum_{k=0}^{n} k P(X = k) = \sum_{k=1}^{n} k P(X = k)$$

Si $X(\Omega) = \mathbb{N}$ et si la série de terme général $k P(X = k)$ est **absolument convergente** (en fait, la convergence suffit puisque la série est à termes positifs), alors X possède une espérance et on a :

$$E(X) = \sum_{k=0}^{+\infty} k P(X = k) = \sum_{k=1}^{+\infty} k P(X = k)$$

Théorème de transfert

Soit X une variable aléatoire discrète définie sur $(\Omega, \mathcal{A}, P)$ et g une application de $X(\Omega)$ dans $\mathbb{R}$. Si la série de terme général $g(x)P(X = x)$ est **absolument convergente**, alors $g(X)$ admet une espérance et on a :

$$E(g(X)) = \sum_{x \in X(\Omega)} g(x)P(X = x)$$

Espérance et fonction affine

Si X est une variable aléatoire discrète admettant une espérance, alors, quels que soient les réels a et b, la variable aléatoire $aX + b$ admet elle aussi une espérance et on a :

$$E(aX + b) = aE(X) + b$$

Linéarité de l'espérance

Si X et Y sont deux variables aléatoires discrètes qui admettent chacune une espérance, alors, quel que soit le réel a, les variables aléatoires aX et $X + Y$ admettent une espérance. De plus, on a :

$$E(aX) = aE(X) \text{ et } E(X+Y) = E(X) + E(Y)$$

Existence de l'espérance par domination

Soit X et Y deux variables aléatoires discrètes telles que, presque sûrement, on ait $0 \leq |X| \leq Y$. Si Y admet une espérance, alors X admet une espérance et on a :

$$|E(X)| \leq E(Y)$$

Croissance de l'espérance

Si X et Y sont deux variables aléatoires discrètes, admettant chacune une espérance, et telles que $X \leq Y$, alors on a :

$$E(X) \leq E(Y)$$

Variable aléatoire centrée

Une variable aléatoire discrète ayant une espérance est dite *centrée* si son espérance est nulle.

Si X a une espérance, alors $X - E(X)$ est une variable centrée.

Espérance conditionnelle

Si la série de terme général $xP_A(X=x)$ est **absolument convergente**, on appelle *espérance conditionnelle* de X sachant que A est réalisé (ou espérance de X pour la probabilité conditionnelle P_A), le réel noté $E(X \mid A)$, défini par la relation :

$$E(X \mid A) = \sum_{x \in X(\Omega)} x P_A(X=x)$$

Si $X(\Omega) = \mathbb{N}$ ou si $X(\Omega) = \mathbb{N}^*$, on a plus simplement :

$$E(X \mid A) = \sum_{k=1}^{+\infty} k P_A(X=k)$$

Formule de l'espérance totale

Soit I et J deux parties de $\mathbb{N}$, X une variable aléatoire telle que $X(\Omega) = \{x_k, k \in I\}$ et $(A_n)_{n \in J}$ un système complet d'événements de probabilités non nulles.
La variable X admet une espérance si, et seulement si, la série $\sum_{(k,n) \in I \times J} x_k P_{A_n}(X = x_k) P(A_n)$ est absolument convergente.
Dans ce cas, X admet une espérance pour toutes les probabilités P_{A_n} et on a :

$$E(X) = \sum_{n \in J} E(X \mid A_n) P(A_n)$$

En pratique, pour montrer que X admet une espérance, on vérifie que les espérances conditionnelles existent et que la série de terme général $u_n = \sum_k |x_k| P_{A_n}(X = x_k) P(A_n)$ est convergente.

Si, de plus, le système complet d'événements $(A_n)_{n \in J}$ est fini, alors X admet une espérance si et seulement si toutes les espérances conditionnelles $E(X \mid A_n)$ existent.

Moment d'ordre r

Soit X une variable aléatoire discrète définie sur $(\Omega, \mathcal{A}, P)$. Si la variable aléatoire X^r possède une espérance, alors le réel $E(X^r)$ est appelé *moment d'ordre r* de X et on a : $E(X^r) = \sum_{x \in X(\Omega)} x^r P(X = x)$.

Moment d'ordre r si X est entière

Si $X(\Omega) = \mathbb{N}$ et si $E(X^r)$ existe, alors :

$$E(X^r) = \sum_{k=0}^{+\infty} k^r P(X = k)$$

Pour $r = 2$, on obtient :

$$E(X^2) = \sum_{k=0}^{+\infty} k^2 P(X = k)$$

Variance d'une variable aléatoire discrète

Si X est une variable discrète admettant un moment d'ordre 2, alors X admet une *variance* définie par :

$$V(X) = E\left(\left(X - E(X)\right)^2\right) = \sum_{x \in X(\Omega)} \left(x - E(X)\right)^2 P(X = x)$$

Écart-type d'une variable aléatoire discrète

Si X est une variable aléatoire discrète admettant une variance, on appelle *écart-type* de X, le réel σ_X défini par :

$$\sigma_X = \sqrt{V(X)}$$

Formule de Koenig-Huygens

Si X est une variable aléatoire discrète admettant une variance, alors :

$$V(X) = E(X^2) - (E(X))^2$$

Variance et fonction affine

Si a et b sont deux réels et si X est une variable aléatoire discrète admettant une variance, alors la variable aléatoire $aX + b$ admet une variance et on a :

$$V(aX+b)=a^2V(X)$$

Variable aléatoire réduite

Une variable aléatoire discrète ayant une variance est dite *réduite* si sa variance est égale à 1.

Une variable aléatoire discrète X ayant une espérance et une variance est dite *centrée réduite* si : $E(X) = 0$ et $V(X) = 1$.

Si X possède une espérance et une variance non nulle, alors la variable aléatoire $X^* = \dfrac{X - E(X)}{\sqrt{V(X)}}$ est la variable centrée réduite associée à X.

&

Les propositions mathématiques sont reconnues comme vraies parce que personne n'a intérêt à ce qu'elles soient fausses.

Montesquieu

41. LOIS DISCRÈTES USUELLES

Variable aléatoire certaine

Support	Loi
$X(\Omega)=\{a\}$	$P(X=a)=1$
Espérance	**Variance**
$E(X)=a$	$V(X)=0$

On dit qu'une variable aléatoire X est une variable quasi certaine s'il existe un élément a de $X(\Omega)$ tel que $P(X=a)=1$. Dans ce cas, on a encore $E(X)=a$ et $V(X)=0$.

Si X est une variable aléatoire de variance nulle, alors X est une variable quasi certaine.

Loi uniforme $\mathcal{U}(\llbracket 1, n \rrbracket)$

Support	Loi
$X(\Omega)=\llbracket 1, n \rrbracket$	$P(X=k)=\frac{1}{n}$
Espérance	**Variance**
$E(X)=\frac{n+1}{2}$	$V(X)=\frac{n^2-1}{12}$

Loi uniforme $\mathcal{U}(\llbracket a, b \rrbracket)$

Support	Loi
$X(\Omega)=\llbracket a, b \rrbracket$	$P(X=k)=\frac{1}{b-a+1}$
Espérance	**Variance**
$E(X)=\frac{a+b}{2}$	$V(X)=\frac{(b-a+1)^2-1}{12}$

Les lois uniformes traduisent parfaitement la situation d'équiprobabilité.

Loi de Bernoulli $\mathcal{B}(p)$ avec $p \in [0, 1]$

Support	Loi
$X(\Omega) = \{0, 1\}$	$P(X = 1) = p$
Espérance	**Variance**
$E(X) = p$	$V(X) = p(1-p)$

On a bien sûr : $P(X = 0) = 1 - p$.

Loi binomiale $\mathcal{B}(n, p)$ avec $p \in [0, 1]$

Support	Loi
$X(\Omega) = [\![0, n]\!]$	$P(X = k) = \binom{n}{k} p^k (1-p)^{n-k}$
Espérance	**Variance**
$E(X) = np$	$V(X) = np(1-p)$

Une variable aléatoire suivant la loi binomiale $\mathcal{B}(n, p)$ peut être considérée comme le nombre de succès obtenus au cours de n épreuves *indépendantes*, chacune ayant deux issues possibles, le succès de probabilité p et l'échec de probabilité $1-p$.

Somme de variables de Bernoulli

Si n variables aléatoires $X_1, X_2, ..., X_n$ sont **mutuellement indépendantes** et suivent toutes la loi de Bernoulli $\mathcal{B}(p)$, alors $X_1 + X_2 + ... + X_n$ suit la loi binomiale $\mathcal{B}(n, p)$.

Une variable aléatoire binomiale peut toujours s'écrire comme somme de variables aléatoires de Bernoulli **mutuellement indépendantes et de même paramètre *p*.**

Stabilité de la loi binomiale par l'addition

Soit m un entier naturel supérieur ou égal à 2.
Si m variables aléatoires, $X_1, X_2, ..., X_m$ sont mutuellement indépendantes et si, pour tout j élément de $\{1, 2, ..., m\}$, X_j suit la loi $\mathcal{B}(n_j, p)$, alors $\sum_{j=1}^{m} X_j$ suit la loi binomiale $\mathcal{B}(\sum_{j=1}^{m} n_j, p)$.

Loi géométrique $\mathcal{G}(p)$ avec $0 < p < 1$

Support	Loi
$X(\Omega) = \mathbb{N}^*$	$P(X = k) = (1-p)^{k-1} p$
Espérance	**Variance**
$E(X) = \dfrac{1}{p}$	$V(X) = \dfrac{1-p}{p^2}$

Une variable aléatoire géométrique peut être considérée comme le rang du premier succès au cours d'une succession d'épreuves *indépendantes*, chacune ayant deux issues possibles, le succès de probabilité p et l'échec de probabilité $1-p$.

Loi de Poisson $\mathcal{P}(\lambda)$ avec $\lambda > 0$

Support	Loi
$X(\Omega) = \mathbb{N}$	$P(X = k) = \dfrac{\lambda^k}{k!} e^{-\lambda}$
Espérance	**Variance**
$E(X) = \lambda$	$V(X) = \lambda$

Stabilité de la loi de Poisson par l'addition

Soit m un entier naturel supérieur ou égal à 2.
Si m variables aléatoires, $X_1, X_2, ..., X_m$, sont mutuellement indépendantes et si, pour tout j élément de $\{1, 2, ..., m\}$, X_j suit la loi $\mathcal{P}(\lambda_j)$, alors $\sum_{j=1}^{m} X_j$ suit la loi de Poisson $\mathcal{P}(\sum_{j=1}^{m} \lambda_j)$.

&

Comment se fait-il qu'il y ait des gens
qui ne comprennent pas les mathématiques ?

Henri Poincaré

42. COUPLES DE VARIABLES DISCRÈTES

Loi d'un couple ou loi conjointe

Déterminer la loi d'un couple (X, Y) de variables aléatoires discrètes, c'est donner, pour tout (x, y) de $X(\Omega)\times Y(\Omega)$, la valeur de la probabilité $P([X=x]\cap[Y=y])$, que l'on peut écrire aussi $P([X=x],[Y=y])$.

Lois marginales

Soit (X, Y) un couple de variables aléatoires discrètes.
La loi de X est donnée par :

$$\forall x\in X(\Omega),\ P(X=x)=\sum_{y\in Y(\Omega)} P\big([X=x]\cap[Y=y]\big)$$

La loi de Y est donnée par :

$$\forall y\in Y(\Omega),\ P(Y=y)=\sum_{x\in X(\Omega)} P\big([X=x]\cap[Y=y]\big)$$

Indépendance de deux variables aléatoires

Deux variables aléatoires discrètes X et Y sont dites *indépendantes* si, pour tout couple $(x,y)\in X(\Omega)\times Y(\Omega)$, on a :

$$P\big([X=x]\cap[Y=y]\big)=P(X=x)\,P(Y=y)$$

Lois conditionnelles

La loi de X, conditionnellement à l'événement ($Y=y$), est définie par la donnée, pour tout x de $X(\Omega)$, de $P_{(Y=y)}(X=x)$.

Si l'on connaît la loi marginale de Y, ainsi que la loi conditionnelle de X sachant que ($Y=y$) est réalisé, alors la loi de X est déterminée par :

$$\forall x\in X(\Omega),\ P(X=x)=\sum_{y\in Y(\Omega)} P(Y=y)P_{(Y=y)}(X=x)$$

La loi de Y, conditionnellement à l'événement $(X = x)$, est définie par la donnée, pour tout y de $Y(\Omega)$, de $P_{(X=x)}(Y = y)$.

Si on connaît la loi marginale de X et la loi conditionnelle de Y sachant que $(X = x)$ est réalisé, alors la loi de Y est déterminée par :

$$\forall y \in Y(\Omega), P(Y = y) = \sum_{x \in X(\Omega)} P(X = x) P_{(X=x)}(Y = y)$$

Loi de somme

Soit X et Y deux variables aléatoires discrètes **à valeurs entières**.

$$\forall n \in (X+Y)(\Omega), P(X+Y = n) = \sum_{\substack{i \in X(\Omega) \\ n-i \in Y(\Omega)}} P([X = i] \cap [Y = n-i])$$

Si X et Y sont de plus indépendantes, on a :

$$P(X+Y = n) = \sum_{\substack{i \in X(\Omega) \\ n-i \in Y(\Omega)}} P(X = i) P(Y = n-i)$$

Loi de max

Si l'on pose $M = \max(X, Y)$, où X et Y sont deux variables aléatoires **à valeurs entières**, alors :

$$\forall k \in M(\Omega),\ (M \leq k) = (X \leq k) \cap (Y \leq k)$$

Il reste ensuite à utiliser la formule :

$$P(M = k) = P(M \leq k) - P(M \leq k-1)$$

Loi de min

Si l'on pose $I = \min(X, Y)$, où X et Y sont deux variables aléatoires **à valeurs entières**, alors :

$$\forall k \in I(\Omega),\ (I > k) = (X > k) \cap (Y > k)$$

Il reste ensuite à justifier que :

$$P(I = k) = P(I > k-1) - P(I > k)$$

43. COVARIANCE ET CORRÉLATION

Espérance d'un produit

Soit (X, Y) un couple de variables aléatoires discrètes. Si la variable aléatoire XY possède une espérance, alors cette dernière est donnée par :

$$E(XY) = \sum_{x \in X(\Omega)} \sum_{y \in Y(\Omega)} x\,y\,P\big([X = x] \cap [Y = y]\big)$$

L'existence est acquise, soit si la somme est finie, soit si la série en jeu converge absolument.

Si X et Y sont **deux variables de Bernoulli**, alors on a :

$$E(XY) = P(X = 1 \cap Y = 1)$$

Définition de la covariance

On appelle *covariance* de X et Y, le réel défini, s'il existe, par :

$$\mathrm{Cov}(X,Y) = E\big((X - E(X))(Y - E(Y))\big)$$

Formule de Huygens

$$\mathrm{Cov}(X,Y) = E(XY) - E(X)E(Y)$$

Symétrie de la covariance

$$\mathrm{Cov}(X,Y) = \mathrm{Cov}(Y,X)$$

Lien entre covariance et variance

$$\mathrm{Cov}(X,X) = V(X)$$

Bilinéarité de la covariance

$$\text{Cov}(aX_1 + bX_2, Y) = a\,\text{Cov}(X_1, Y) + b\,\text{Cov}(X_2, Y)$$

$$\text{Cov}(X, aY_1 + bY_2) = a\,\text{Cov}(X, Y_1) + b\,\text{Cov}(X, Y_2)$$

Variable quasi certaine et covariance

Si A est une variable aléatoire quasi certaine, alors $\text{Cov}(A, X) = 0$

Corrélation linéaire

On désigne par X et Y deux variables aléatoires de variances strictement positives.

On appelle *coefficient de corrélation linéaire* de X et Y, le réel

$$\rho_{X,Y} = \frac{\text{Cov}(X,Y)}{\sqrt{V(X)}\sqrt{V(Y)}}$$

Le coefficient de corrélation linéaire de X et Y appartient à $[-1, 1]$.

$$\rho_{X,Y} = \pm 1 \Leftrightarrow \exists (a,b) \in \mathbb{R}^* \times \mathbb{R},\ P(Y = aX + b) = 1.$$

a est positif si, et seulement si, $\rho_{X,Y} = 1$: dans ce cas, Y varie dans le même sens que X.
a est négatif si, et seulement si, $\rho_{X,Y} = -1$: dans ce cas, Y varie dans le sens contraire de X.

Variance de la somme de 2 variables

Si X et Y sont deux variables aléatoires discrètes, définies sur le même espace probabilisé $(\Omega, \mathcal{A}, P)$, et admettant des variances, alors, d'une part, la covariance de X et Y existe, d'autre part, $X + Y$ admet une variance, et l'on a :

$$V(X+Y) = V(X) + V(Y) + 2\,\text{Cov}(X,Y)$$

Variance de somme (indépendance)

Si X et Y sont deux variables aléatoires discrètes **indépendantes**, et telles que $E(XY)$ existe, alors on a : $E(XY) = E(X)\,E(Y)$.

Si X et Y sont deux variables aléatoires discrètes **indépendantes**, et telles que $E(XY)$ existe, alors on a : $\mathrm{Cov}(X,Y)=0$.

Si X et Y sont deux variables aléatoires discrètes **indépendantes**, admettant une variance, alors on a :

$$V(X+Y)=V(X)+V(Y)$$

La vie n'est bonne qu'à deux choses : découvrir les mathématiques et enseigner les mathématiques.

Siméon Denis Poisson

44. SUITES DE VARIABLES DISCRÈTES

Vecteur aléatoire

Si $X_1, X_2, ..., X_n$ sont des variables aléatoires réelles discrètes, définies sur un espace probabilisable $(\Omega, \mathcal{A})$, alors le n-uplet $X = (X_1, X_2, ..., X_n)$ est appelé *vecteur aléatoire* sur $(\Omega, \mathcal{A})$.

Loi d'un vecteur aléatoire

Si $X_1, X_2, ..., X_n$ sont des variables aléatoires réelles discrètes, définies sur $(\Omega, \mathcal{A}, P)$, donner la loi du vecteur $(X_1, X_2, ..., X_n)$, ou loi conjointe de $X_1, X_2, ..., X_n$, c'est donner la valeur des probabilités $P\left(\left[X_1 = x_1\right] \cap \left[X_2 = x_2\right] \cap ... \cap \left[X_n = x_n\right]\right)$, où, pour tout i de $[\![1, n]\!]$, x_i est un élément quelconque de $X_i(\Omega)$.

Indépendance mutuelle

Les variables aléatoires discrètes $X_1, X_2, ..., X_n$ sont mutuellement indépendantes si, pour tout $(x_1, x_2, ..., x_n)$ de $\mathbb{R}^n$, on a :

$$P\left(\bigcap_{i=1}^{n} [X_i = x_i]\right) = \prod_{i=1}^{n} P(X_i = x_i)$$

Suite de variables discrètes indépendantes

On dit qu'une suite de variables aléatoires $(X_n)_{n \in \mathbb{N}^*}$ est une suite de variables aléatoires indépendantes si, pour toute partie I finie de $\mathbb{N}^*$, on a :

$$P\left(\bigcap_{i \in I} [X_i = x_i]\right) = \prod_{i \in I} P(X_i = x_i)$$

"Lemme des coalitions"

Si $X_1, X_2, ..., X_n$ sont n variables discrètes mutuellement indépendantes, alors toute fonction de certaines d'entre elles est indépendante de toute fonction d'autres de ces variables.

Recherche de la loi du max de *n* variables

Si l'on pose $M_n = \max(X_1, X_2, ..., X_n)$, où $X_1, X_2, ..., X_n$ sont des variables aléatoires **à valeurs entières**, alors :

$$\forall k \in M_n(\Omega),\ (M_n \leq k) = \bigcap_{i=1}^{n}(X_i \leq k)$$

Si $X_1, X_2, ..., X_n$ sont **mutuellement indépendantes** et de même fonction de répartition F, on a : $P(M_n \leq k) = \left(F(k)\right)^n$.

Ensuite, on utilise : $P(M_n = k) = P(M_n \leq k) - P(M_n \leq k-1)$.

Recherche de la loi du min de *n* variables

Si l'on pose $I_n = \min(X_1, X_2, ..., X_n)$, où $X_1, X_2, ..., X_n$ sont des variables aléatoires **à valeurs entières**, alors :

$$\forall k \in I_n(\Omega),\ (I_n > k) = \bigcap_{i=1}^{n}(X_i > k)$$

Si $X_1, X_2, ..., X_n$ sont **mutuellement indépendantes** et de même fonction de répartition F, on a : $P(I_n > k) = \left(1 - F(k)\right)^n$.

Ensuite, il faut justifier que $P(I_n = k) = P(I_n > k-1) - P(I_n > k)$.

Variance de somme (indépendance)

Si les variables aléatoires discrètes $X_1, X_2, ..., X_n$ sont **deux à deux indépendantes** et possèdent des variances, alors on a :

$$V\left(\sum_{k=1}^{n} X_k\right) = \sum_{k=1}^{n} V(X_k)$$

45. VARIABLES ALÉATOIRES À DENSITÉ

Définition

Soit X une variable aléatoire de fonction de répartition F_X.
On dit que X est une *variable à densité* lorsque F_X est continue sur $\mathbb{R}$ et est de classe C^1 sur $\mathbb{R}$, sauf éventuellement en un nombre fini de points.

Densité

Si X est une variable à densité, de fonction de répartition F_X, alors toute fonction f_X, définie et positive sur $\mathbb{R}$, telle que $f_X(x) = F_X'(x)$ en chaque réel x où F_X est de classe C^1, est une densité de X. On a alors les égalités très importantes :

$$\forall x \in \mathbb{R}, \ F_X(x) = P(X \leq x) = \int_{-\infty}^{x} f_X(t)\,dt$$

Propriété caractéristique d'une densité

Une fonction f est une densité si et seulement si :
- f est définie sur $\mathbb{R}$ et possède un nombre fini de points de discontinuité.
- f est une fonction à valeurs positives.
- $\int_{-\infty}^{+\infty} f(t)\,dt$ converge et est égale à 1.

Densité, fonction de répartition et probabilités

$$\forall x \in \mathbb{R}, \ 1 - F_X(x) = P(X > x) = \int_{x}^{+\infty} f_X(t)\,dt$$

Si X est une variable à densité, on a : $\forall x \in \mathbb{R}, P(X = x) = 0$

Soit X une variable aléatoire de densité f_X, de fonction de répartition F_X. Pour tout (a, b) de $\mathbb{R}^2$ tel que $a < b$, on a :

$$P(a < X \leq b) = F_X(b) - F_X(a) = \int_{a}^{b} f_X(t)\,dt$$

Si X est une variable à densité, on a :

$$P(a < X \leq b) = P(a < X < b) = P(a \leq X < b) = P(a \leq X \leq b)$$

Indépendance

Deux variables aléatoires à densité, X et Y, sont indépendantes si, pour tout couple de réels (x, y), on a :

$$P([X \leq x] \cap [Y \leq y]) = P(X \leq x) P(Y \leq y)$$

Les variables à densité $X_1, X_2, ..., X_n$ sont dites mutuellement indépendantes si, pour tout $(x_1, x_2, ..., x_n)$ de $\mathbb{R}^n$, on a :

$$P\left(\bigcap_{i=1}^{n} [X_i \leq x_i] \right) = \prod_{i=1}^{n} P(X_i \leq x_i)$$

On dit qu'une suite de variables aléatoires $(X_n)_{n \in \mathbb{N}^*}$ est une suite de variables aléatoires indépendantes si, pour toute partie I finie de $\mathbb{N}^*$, on a : $P\left(\bigcap_{i \in I} [X_i \leq x_i] \right) = \prod_{i \in I} P(X_i \leq x_i)$.

"Lemme des coalitions"

Si $X_1, X_2, ..., X_n$ sont n variables à densité mutuellement indépendantes, alors toute fonction de certaines d'entre elles est indépendante de toute fonction d'autres de ces variables.

Définition de l'espérance

Sous réserve de convergence absolue de l'intégrale écrite, l'*espérance* de la variable X (de densité f_X) est le réel :

$$E(X) = \int_{-\infty}^{+\infty} t \, f_X(t) \, dt$$

Fonction affine et espérance

Si a et b sont deux réels et si X est une variable aléatoire à densité admettant une espérance, alors on a :

$$E(aX + b) = aE(X) + b$$

Une variable aléatoire à densité ayant une espérance est dite *centrée* si son espérance est nulle (exemple : $X - E(X)$).

Linéarité de l'espérance

Si X et Y sont deux variables aléatoires à densité admettant chacune une espérance, alors $X+Y$ admet une espérance et on a :

$$E(X+Y)=E(X)+E(Y)$$

Si $X_1, X_2, ..., X_n$ sont n variables aléatoires à densité, possédant chacune une espérance, si $\alpha_1, \alpha_2, ..., \alpha_n$ sont n réels, alors $\sum_{i=1}^{n} \alpha_i X_i$ possède une espérance et on a : $E\left(\sum_{i=1}^{n} \alpha_i X_i\right)=\sum_{i=1}^{n} \alpha_i E(X_i)$.

En particulier : $E\left(\sum_{i=1}^{n} X_i\right)=\sum_{i=1}^{n} E(X_i)$

Existence de l'espérance par domination

Soit X et Y sont deux variables aléatoires à densité telles que, presque sûrement, on ait : $0 \leq |X| \leq Y$. Si Y admet une espérance, alors X admet une espérance et on a :

$$|E(X)| \leq E(Y)$$

Croissance de l'espérance

Si X et Y sont deux variables aléatoires à densité, admettant chacune une espérance, et telles que $X \leq Y$, alors on a :

$$E(X) \leq E(Y)$$

Théorème de transfert

Si X est une variable aléatoire de densité f_X, dont le support est un intervalle I d'extrémités a et b (réels ou infinis), et si g est une fonction à valeurs dans $\mathbb{R}$ et continue sur I (sauf éventuellement en un nombre fini de points), alors $E(g(X))$ existe si, et seulement si, l'intégrale $\int_a^b g(t) f_X(t) dt$ est absolument convergente, et on a :

$$E(g(X)) = \int_a^b g(t) f_X(t) dt$$

Moment d'ordre *r*

Sous réserve de convergence absolue de l'intégrale écrite, le *moment d'ordre r* de la variable aléatoire X (de densité f_X) est le réel :

$$E(X^r) = \int_{-\infty}^{+\infty} t^r f_X(t)\,dt$$

Variance

Si X est une variable aléatoire de densité f_X admettant un moment d'ordre 2, alors elle possède une *variance* définie par :

$$V(X) = \int_{-\infty}^{+\infty} \left(t - E(X)\right)^2 f_X(t)\,dt$$

Formule de Koenig-Huygens

Si X est une variable aléatoire à densité possédant une variance, alors on a :

$$V(X) = E(X^2) - (E(X))^2$$

Fonction affine et variance

Si a et b sont deux réels et si X est une variable aléatoire à densité admettant une variance, alors on a :

$$V(aX + b) = a^2 V(X)$$

Variable aléatoire réduite

Une variable aléatoire à densité ayant une variance est dite *réduite* si sa variance est égale à 1.

Une variable aléatoire à densité X ayant une espérance et une variance est dite *centrée réduite* si : $E(X) = 0$ et $V(X) = 1$.

Si X possède une espérance et une variance non nulle, alors la variable aléatoire $X^* = \dfrac{X - E(X)}{\sqrt{V(X)}}$ est la variable centrée réduite associée à X.

Variance d'une somme

Si X et Y sont deux variables aléatoires à densité, **indépendantes**, et admettant chacune une variance, alors $X+Y$ admet une variance et on a :

$$V(X+Y)=V(X)+V(Y)$$

Si $X_1, X_2, ..., X_n$ sont des variables aléatoires à densité, **mutuellement indépendantes** (ou même seulement **deux à deux indépendantes**), et ayant chacune une variance, alors $\sum_{i=1}^{n} X_i$ a une variance :

$$V\left(\sum_{i=1}^{n} X_i\right)=\sum_{i=1}^{n} V(X_i)$$

Convolution : loi de somme

Soit X et Y deux variables aléatoires à densité, **indépendantes**, de densités respectives f_X et f_Y. Si la fonction h, définie par

$$h(x)=\int_{-\infty}^{+\infty} f_X(t)\, f_Y(x-t)\, dt$$

est définie et continue, sauf éventuellement en un nombre fini de points, alors ***h* est une densité de** $X+Y$.

La convergence de l'intégrale définissant h, ainsi que la continuité de h (sauf peut-être en un nombre fini de points) sont assurées dès que f_X ou f_Y est bornée.

Loi de max

Si l'on pose $M=\max(X,Y)$, où X et Y sont deux variables aléatoires à densité, alors : $\forall x \in \mathbb{R}$, $(M \leq x)=(X \leq x)\cap(Y \leq x)$.

Loi de min

Si l'on pose $I=\min(X,Y)$, où X et Y sont deux variables aléatoires à densité, alors : $\forall x \in \mathbb{R}$, $(I > x)=(X > x)\cap(Y > x)$.

46. LOIS À DENSITÉ USUELLES

Loi uniforme sur [*a*, *b*] avec *a* < *b*

Densité	Fonction de répartition
$f(x)=\begin{cases}\dfrac{1}{b-a} \text{ si } x\in[a,b]\\ 0 \text{ sinon}\end{cases}$	$F(x)=\begin{cases}0 \text{ si } x<a\\ \dfrac{x-a}{b-a} \text{ si } x\in[a,b]\\ 1 \text{ si } x>b\end{cases}$
Espérance	**Variance**
$E(X)=\dfrac{a+b}{2}$	$V(X)=\dfrac{(b-a)^2}{12}$

Si X suit la loi $\mathcal{U}([a,b])$, le support de X peut être choisi égal à l'intervalle $[a,b]$, ou $[a,b[$, ou $]a,b]$, ou encore à $]a,b[$.

Cas particulier : loi uniforme sur [0, 1]

Densité	Fonction de répartition
$f(x)=\begin{cases}1 \text{ si } x\in[0,1]\\ 0 \text{ sinon}\end{cases}$	$F(x)=\begin{cases}0 \text{ si } x<0\\ x \text{ si } x\in[0,1]\\ 1 \text{ si } x>1\end{cases}$
Espérance	**Variance**
$E(X)=\dfrac{1}{2}$	$V(X)=\dfrac{1}{12}$

Lien entre les lois uniformes

X suit la loi $\mathcal{U}([0,1])$ $\Leftrightarrow$ $(b-a)X+a$ suit la loi $\mathcal{U}([a,b])$

Loi exponentielle de paramètre λ, avec λ > 0

Densité	Fonction de répartition
$f(x)=\begin{cases}0 \text{ si } x<0\\ \lambda e^{-\lambda x} \text{ si } x\geq 0\end{cases}$	$F(x)=\begin{cases}0 \text{ si } x<0\\ 1-e^{-\lambda x} \text{ si } x\geq 0\end{cases}$
Espérance	**Variance**
$E(X)=\dfrac{1}{\lambda}$	$V(X)=\dfrac{1}{\lambda^2}$

Si X suit la loi $\mathcal{E}(\lambda)$, le support de X peut être choisi égal à $\mathbb{R}_+$ ou $\mathbb{R}_+^*$.

Absence de mémoire

Les variables aléatoires suivant une loi exponentielle sont (mises à part la variable quasi-certaine égale à 0) les seules variables aléatoires positives sans mémoire :

$$\forall(t,h)\in(\mathbb{R}_+)^2,\ P(X>t+h)=P(X>t)P(X>h)$$

Si $P(X>h)\neq 0$, la propriété d'absence de vieillissement s'écrit :

$$\forall(t,h)\in(\mathbb{R}_+)^2,\ P_{(X>h)}(X>t+h)=P(X>t)$$

Lien entre les lois exponentielles

$$X \text{ suit } \mathcal{E}(1) \Leftrightarrow \frac{1}{\lambda}X \text{ suit } \mathcal{E}(\lambda)$$

Loi gamma $\gamma(t)$ avec $t > 0$

Densité	Fonction de répartition
$f(x)=\begin{cases}0 \text{ si } x\leq 0\\ \dfrac{1}{\Gamma(t)}x^{t-1}e^{-x} \text{ si } x>0\end{cases}$	$F(x)=\begin{cases}0 \text{ si } x\leq 0\\ \int_0^x f(u)du \text{ si } x>0\end{cases}$
Espérance	**Variance**
$E(X)=t$	$V(X)=t$

Si X suit la loi $\gamma(t)$, le support de X est toujours choisi égal à $\mathbb{R}_+^*$.

Stabilité par l'addition des lois "gamma"

Si (X_i) est une suite de variables aléatoires indépendantes, et telles que pour tout i de $\mathbb{N}^*$, X_i suit la loi $\gamma(t_i)$, alors :

$$\sum_{i=1}^{n} X_i \text{ suit la loi } \gamma\left(\sum_{i=1}^{n} t_i\right)$$

Comme la loi exponentielle de paramètre 1 est la loi $\gamma(1)$, alors la somme de n variables indépendantes suivant toutes la loi exponentielle de paramètre 1 suit la loi $\gamma(n)$.

Loi normale $\mathcal{N}(m,\ \sigma^2)$, avec $\sigma > 0$

Densité	**Fonction de répartition**
$\varphi_{m,\sigma}(x) = \dfrac{1}{\sigma\sqrt{2\pi}} e^{-\frac{(x-m)^2}{2\sigma^2}}$	$\Phi_{m,\sigma}(x) = \int_{-\infty}^{x} \varphi_{m,\sigma}(t)\,dt$
Espérance	**Variance**
$E(X) = m$	$V(X) = \sigma^2$

Si X suit la loi $\mathcal{N}(m, \sigma^2)$, le support de X est toujours choisi égal à $\mathbb{R}$.

Loi normale centrée réduite $\mathcal{N}(0, 1)$

Densité	**Fonction de répartition**
$\varphi(x) = \dfrac{1}{\sqrt{2\pi}} e^{-\frac{x^2}{2}}$	$\Phi(x) = \dfrac{1}{\sqrt{2\pi}} \int_{-\infty}^{x} e^{-\frac{t^2}{2}}\,dt$
Espérance	**Variance**
$E(X) = 0$	$V(X) = 1$

Si X suit la loi $\mathcal{N}(0,1)$, le support de X est toujours choisi égal à $\mathbb{R}$.

Propriétés de Φ

Pour tout réel x, on a : $\Phi(-x) = 1 - \Phi(x)$

On en déduit :

$$\Phi(0) = \frac{1}{2}$$

Lien entre les lois normales

On désigne par a et b deux réels (avec $a \neq 0$).

$$X \text{ suit la loi } \mathcal{N}(m, \sigma^2) \Leftrightarrow aX + b \text{ suit la loi } \mathcal{N}(am + b, a^2\sigma^2)$$

En particulier :

$$X \text{ suit la loi } \mathcal{N}(m, \sigma^2) \Leftrightarrow \frac{X - m}{\sigma} \text{ suit la loi } \mathcal{N}(0, 1)$$

Stabilité par l'addition des lois normales

Si $(X_i)_{i\in\mathbb{N}^*}$ est une suite de variables aléatoires indépendantes, et telles que pour tout i de $\mathbb{N}^*$, X_i suit la loi $\mathcal{N}(m_i, \sigma_i^2)$, alors :

$$\sum_{i=1}^{n} X_i \text{ suit la loi } \mathcal{N}\left(\sum_{i=1}^{n} m_i, \sum_{i=1}^{n} \sigma_i^2\right).$$

&

Il n'y a pas de place durable dans le monde
pour les mathématiques laides.

Godfrey Hardy

47. CONVERGENCES

Inégalité de Markov

Si X est une variable aléatoire positive (discrète ou à densité) possédant une espérance, alors on a :

$$\forall a > 0 \, , \; P(X \geq a) \leq \frac{E(X)}{a}$$

Inégalité de Bienaymé-Tchebychev

Si X est une variable aléatoire (discrète ou à densité) possédant un moment d'ordre 2, alors on a :

$$\forall \varepsilon > 0 \, , \; P(\left| X - E(X) \right| \geq \varepsilon) \leq \frac{V(X)}{\varepsilon^2}$$

Convergence en probabilité

Soit une variable aléatoire X et une suite $(X_n)_{n \geq 1}$ de variables aléatoires, définies sur le même espace probabilisé que X.
On dit que la suite $(X_n)_{n \geq 1}$ *converge en probabilité* vers la variable aléatoire X, et on note $X_n \xrightarrow{P} X$, si :

$$\forall \varepsilon > 0 \, , \; \lim_{n \to +\infty} P(\left| X_n - X \right| \geq \varepsilon) = 0$$

Loi faible des grands nombres

Soit $(X_n)_{n \geq 1}$ une suite de variables aléatoires réelles définies sur le même espace probabilisé, indépendantes, ayant chacune une espérance m et une variance.

Si l'on pose $\overline{X}_n = \frac{1}{n} \sum_{i=1}^{n} X_i$, alors la suite $\left(\overline{X}_n \right)_{n \geq 1}$ converge en probabilité vers la variable certaine égale à m. On a donc :

$$\forall \varepsilon > 0 \, , \; \lim_{n \to +\infty} P(\left| \overline{X}_n - m \right| \geq \varepsilon) = 0$$

Composition par une fonction continue

Si $X_n \xrightarrow{P} X$ et si f est une fonction continue sur $\mathbb{R}$ à valeurs réelles, alors $f(X_n) \xrightarrow{P} f(X)$.

Convergence en loi

Soit $(X_n)_{n\in\mathbb{N}}$ une suite de variables aléatoires toutes définies sur $(\Omega, \mathcal{A}, P)$, X_n ayant pour fonction de répartition F_n.

Soit X une variable aléatoire définie également sur $(\Omega, \mathcal{A}, P)$ et de fonction de répartition F.

On dit que la suite $(X_n)_{n\in\mathbb{N}}$ *converge en loi* vers X si, en tout point x où F est continue, on a :

$$\lim_{n\to+\infty} F_n(x) = F(x)$$

On note : $X_n \xrightarrow{\mathcal{L}} X$.

Convergence en loi (cas discret)

Soit $(X_n)_{n\in\mathbb{N}}$ une suite de variables aléatoires discrètes et X une variable aléatoire discrète, toutes définies sur le même espace probabilisé et à valeurs dans $\mathbb{Z}$. La suite (X_n) converge en loi vers X si et seulement si :

$$\forall k \in \mathbb{Z},\ \lim_{n\to+\infty} P(X_n = k) = P(X = k)$$

Loi binomiale vers loi de Poisson

Soit λ un réel strictement positif. Si $(X_n)_{n\in\mathbb{N}^*}$ est une suite de variables aléatoires telles que, pour tout entier naturel n supérieur à λ, X_n suit la loi binomiale $\mathcal{B}(n, \frac{\lambda}{n})$, alors la suite $(X_n)_{n\in\mathbb{N}^*}$ converge en loi vers une variable aléatoire X suivant la loi de Poisson de paramètre λ.

Théorème de Slutsky

Si (X_n) converge en loi vers X et si (Y_n) converge en probabilité vers une constante c, alors ($X_n + Y_n$) converge en loi vers $X + c$ et ($X_n Y_n$) converge en loi vers cX .

Composition par une fonction continue

Si (X_n) converge en loi vers X et si f est une fonction continue sur $\mathbb{R}$ à valeurs réelles, alors $\left(f(X_n)\right)$ converge en loi vers $f(X)$.

Théorème limite central

Soit (X_n) une suite de variables aléatoires définies sur le même espace probabilisé, indépendantes et de même loi, ayant chacune une espérance m et une variance σ^2 non nulle.

Si l'on note $\overline{X}_n = \frac{1}{n}\sum_{i=1}^{n} X_i$, alors la suite de variables aléatoires centrées réduites $\overline{X}_n^* = \frac{\overline{X}_n - E(\overline{X}_n)}{\sqrt{V(\overline{X}_n)}} = \sqrt{n}\,\frac{\overline{X}_n - m}{\sigma}$ converge en loi vers une variable aléatoire suivant la loi normale centrée réduite. On a donc :

$$\forall x \in \mathbb{R},\ \lim_{n\to+\infty} P(\overline{X}_n^* \leq x) = \Phi(x)$$

On en déduit :

$$\forall (a,b) \in \mathbb{R}^2,\ \lim_{n\to+\infty} P\left(a \leq \overline{X}_n^* \leq b\right) = \Phi(b) - \Phi(a)$$

Approximations

- On approche la loi $\mathcal{B}(n,p)$ par la loi $\mathcal{N}(np, npq)$ dès que $n \geq 20$ et p voisin de 0,5.
- On approche la loi $\mathcal{P}(\lambda)$ par la loi $\mathcal{N}(\lambda, \lambda)$ dès que $\lambda \geq 10$.

48. ESTIMATION

Présentation

On considère une variable aléatoire X dont le type de loi est connu et dépend d'un paramètre inconnu θ, réel (comme le paramètre λ d'une variable exponentielle) ou vectoriel (comme le couple (m, σ^2) d'une variable normale). L'objectif est de donner une *estimation* de la valeur d'un certain réel de la forme $g(\theta)$.
Dans les énoncés de concours, la quantité que l'on souhaite estimer est notée θ, et non pas $g(\theta)$, nous noterons donc θ la quantité à estimer.
On désigne par n un entier naturel au moins égal à 2.

Échantillonnage

On appelle *n-échantillon* de la loi de X tout n-uplet $(X_1, X_2, \ldots, X_n)$ de variables aléatoires définies sur le même espace probabilisé $(\Omega, \mathcal{A}, P)$, mutuellement indépendantes et ayant toutes la loi de X.

Si $(X_1, X_2, \ldots, X_n)$ est un échantillon de la loi de X, on appelle *réalisation* de cet échantillon (ou aussi *échantillon observé*), tout n-uplet $(x_1, x_2, \ldots, x_n)$, où, pour tout k de $[\![1, n]\!]$, x_k est la valeur prise par la variable aléatoire X_k.

Estimateur

Si $(X_1, X_2, \ldots, X_n)$ est un échantillon de la loi de X, on appelle *estimateur* de θ toute variable aléatoire fonction de $X_1, X_2, \ldots, X_n$, mais indépendante de θ.

Si $\varphi_n(X_1, X_2, \ldots, X_n)$ est un estimateur de θ, alors $\varphi_n(x_1, x_2, \ldots, x_n)$ est une *estimation* de θ, c'est-à-dire la valeur que le statisticien accordera à θ.

Biais

Soit T_n un estimateur de θ. On appelle *biais* de T_n la quantité :

$$b_\theta(T_n) = E(T_n) - \theta$$

On dit que T_n est un *estimateur sans biais* de θ si $E(T_n) = \theta$.

Une suite $(T_n)_{n\geq 1}$ d'estimateurs de θ est dite *asymptotiquement sans biais* si $\lim\limits_{n\to+\infty} E(T_n) = \theta$.

Risque quadratique

Si T_n un estimateur de θ et si T_n possède une variance (ou un moment d'ordre 2), on appelle risque quadratique de T_n, le réel :

$$r_\theta(T_n) = E\left((T_n - \theta)^2\right)$$

Si l'estimateur T_n possède une variance et si le biais de T_n est b, alors on a :

$$r_\theta(T_n) = b^2 + V(T_n)$$

Estimateur convergent

On dit qu'une suite $(T_n)_{n\geq 1}$ d'estimateurs de θ est convergente si la suite $(T_n)_{n\geq 1}$ converge en probabilité vers θ. Par abus de langage, on dit aussi que l'estimateur T_n est convergent.

Moyenne empirique

On désigne par $(X_1, X_2, ..., X_n)$ un échantillon de la loi de X.

La moyenne empirique de l'échantillon est $\overline{X}_n = \frac{1}{n}\sum_{i=1}^{n} X_i$.

La moyenne empirique $\overline{X}_n = \frac{1}{n}\sum_{i=1}^{n} X_i$ est un estimateur sans biais et convergent de l'espérance de X.

Condition suffisante de convergence

Pour qu'une suite $(T_n)_{n\geq 1}$ d'estimateurs de θ, ayant des moments d'ordre 2, soit convergente, il suffit que :

$$\lim_{n\to+\infty} r_\theta(T_n) = 0$$

Fonction continue d'un estimateur convergent

Si $(T_n)_{n\geq 1}$ est une suite convergente d'estimateurs de θ, et si f est une fonction continue sur $\mathbb{R}$, à valeurs réelles, alors $(f(T_n))_{n\geq 1}$ est une suite convergente d'estimateur de $f(\theta)$.

Intervalle de confiance

Soit α un réel élément de $[0,1]$ et U_n et V_n deux variables aléatoires, fonctions de $X_1, X_2, ..., X_n$.

L'intervalle $[U_n, V_n]$ est un *intervalle de confiance* de θ au niveau de confiance au moins égal à $1-\alpha$ si l'on a :

$$P(U_n \leq \theta \leq V_n) \geq 1-\alpha$$

Si $U_n = \varphi_n(X_1, ..., X_n)$ et $V_n = \psi_n(X_1, ..., X_n)$, alors, en posant $u_n = \varphi_n(x_1, ..., x_n)$ et $v_n = \psi_n(x_1, x_2, ..., x_n)$, l'intervalle $[u_n, v_n]$ est l'estimation de l'intervalle de confiance.

Intervalle de confiance asymptotique

L'intervalle $[U_n, V_n]$ est un *intervalle de confiance asymptotique* de θ au niveau de confiance au moins égal à $1-\alpha$ s'il existe une suite de réels (α_n) à valeurs dans $[0,1]$, de limite α, telle que, pour tout entier naturel n, on a : $P(U_n \leq \theta \leq V_n) \geq 1-\alpha_n$.

&

La mathématique universelle
est une logique de l'imagination.

Leibniz

49. INFORMATIQUE : GÉNÉRALITÉS

Constantes

Deux constantes réelles : π , noté `%pi` et *e*, noté `%e`.
Deux constantes booléennes : *vrai*, noté `%t` et *faux*, noté `%f`.

Chaîne de caractères

Une chaîne de caractère est une suite de caractères écrits entre apostrophes (pour écrire une apostrophe, il faut la doubler).

Variable

Une variable est un emplacement de mémoire dans lequel on peut stocker un contenu (numérique, matriciel ou autre).

Affectation

L'instruction `a=4` crée la variable `a` et lui affecte la valeur 4.

ans

Le résultat d'un calcul est affecté par défaut à la variable `ans`.

Instruction input

L'instruction `a=input('texte')` affiche le *texte* écrit entre apostrophes dans les parenthèses. La réponse donnée par l'utilisateur est ensuite affectée à la variable `a`.

Instruction disp

L'instruction `disp(a)` affiche le contenu de la variable `a`.
Attention ! L'instruction `disp(a,b)` affiche le contenu de `b` puis le contenu de `a`.

Opérations sur les nombres

addition	soustraction	multiplication	division	puissance
a+b	a-b	a*b	a/b	a^b

Autres opérateurs

et	ou	$=$	$<$	$>$	$\leq$	$\geq$	$\neq$
`&`	`|`	`==`	`<`	`>`	`<=`	`>=`	`<>`

Fonctions

$\lvert x \rvert$	$\cos x$	$\sin x$	$\ln x$
`abs(x)`	`cos(x)`	`sin(x)`	`log(x)`

e^x	$\sqrt{x}$	$\lfloor x \rfloor$
`exp(x)`	`sqrt(x)`	`floor(x)`

Définition d'un objet matriciel

- `[a,b,c]` est le vecteur ligne de composantes a, b, c.
  `[a;b;c;d]` est le vecteur colonne de composantes a, b, c, d.
  `[a,b,c;d,e,f]` est la matrice $\begin{pmatrix} a & b & c \\ d & e & f \end{pmatrix}$.

- `a:r:b` est le vecteur ligne de composantes $a, a+r, a+2r, \ldots$ jusqu'à la dernière valeur ne dépassant pas b (`r` s'appelle le *pas*). Si le pas n'est pas mentionné, il vaut 1 par défaut.

- `linspace(a,b,n)` est le vecteur ligne à n composantes équiréparties, commençant par a et finissant par b.

- Soit `u` et `v` deux vecteurs lignes :
`[u,v]` est le vecteur ligne obtenu en mettant bout à bout u et v.
`[u;v]` est la matrice de lignes u et v (avec u et v de même taille).

- Soit `u` et `v` deux vecteurs colonnes :
`[u,v]` est la matrice de colonnes u et v (avec u et v de même taille).
`[u;v]` est le vecteur colonne obtenu en mettant v sous u.

Matrices prédéfinies

- `ones(n,p)` : matrice de $\mathcal{M}_{n,p}(\mathbb{R})$ qui n'est composée que de 1.
- `zeros(n,p)` : matrice nulle de $\mathcal{M}_{n,p}(\mathbb{R})$.
- `eye(n,p)` : matrice de $\mathcal{M}_{n,p}(\mathbb{R})$ dont les termes sont nuls sauf les coefficients $a_{i,i}$ tous égaux à 1.

Opérations sur les matrices

$A+B$	$A-B$	AB	A^k	A^{-1}	${}^tA$
`A+B`	`A-B`	`A*B`	`A^k`	`inv(A)`	`A'`

Opérations pointées (éléments à éléments)

Pour $A=(a_{i,j})$ et $B=(b_{i,j})$	$(a_{i,j}b_{i,j})$	$(a_{i,j}/b_{i,j})$	$(a_{i,j}^k)$
Syntaxe Scilab	`A.*B`	`A./B`	`A.^k`

Fonctions de matrices

Si `A` est la matrice $(a_{i,j})$ et si f est une fonction prédéfinie de Scilab, alors `f(A)` est la matrice $(f(a_{i,j}))$.

Autres opérateurs sur les matrices

- `rank(A)` renvoie le rang de la matrice A.

Par exemple, si A est une matrice d'ordre n et a une valeur propre de A, la commande `r = n-rank(A-a*eye(n,n))` renvoie la dimension du sous-espace propre de A associé à a.

- `size(A)` renvoie le format de la matrice A sous la forme d'un vecteur de composantes n et p si $A \in \mathcal{M}_{n,p}(\mathbb{R})$.

L'instruction `size(A,1)` renvoie le nombre de lignes de la matrice `A` et `size(A,2)` renvoie le nombre de colonnes de `A`.

- `max(A)` et `min(A)` renvoient respectivement le plus grand et le plus petit élément de `A`.
- `sum(A)` renvoie la somme des éléments de `A`.
- `cumsum(A)` renvoie la matrice de même format que `A` dont les éléments sont les sommes cumulées des éléments de `A`, en allant de haut en bas, puis de gauche à droite.
- `prod(A)` et `cumprod(A)` sont analogues à `sum(A)` et `cumsum(A)`, mais pour le produit des éléments de A.
- `spec(A)` renvoie les valeurs propres de `A`.

Modification des éléments d'un objet matriciel

`b` contient un réel b, `L` est un vecteur ligne et `C` un vecteur colonne.

`u(k)` = `b` remplace la $k^{ème}$ composante de `u` par b.
`A(i,j)` = `b` remplace la composante $a_{i,j}$ de `A` par b.
`A(i,:)` = `L` remplace la $i^{ème}$ ligne de `A` par L.
`A(:,j)` = `C` remplace la $j^{ème}$ colonne de `A` par C.

Résolution d'un système linéaire

L'instruction `[u,v]=linsolve(A,-B)` renvoie une matrice v dont les colonnes forment une base orthonormale de l'espace des solutions de $AX = 0$, puis un vecteur u solution de $AX = B$.

Fonction find

`A` contient un objet matriciel A (vecteur ou matrice)
L'instruction `find(A` *test logique*`)`, par exemple `find(A>1)`, renvoie le vecteur ligne composé des positions des éléments de A vérifiant la condition du test (dans l'exemple, ceux qui sont plus grands que 1), comptées de haut en bas, puis de gauche à droite.

Les instructions conditionnelles

« `if` *test* `then` *instruction* `, end` » exécute l'instruction si le test est vrai (sinon, rien ne se passe).

« `if` *test* `then` *instruction* 1 `, else` *instruction* 2 `, end` » exécute l'instruction 1 si le test est vrai, et l'instruction 2 sinon.

Boucle « for »

Si `u` est un vecteur ligne, « `for k=u` *instruction* `, end` » commande la répétition de l'instruction (ou des instructions, en les séparant par des virgules) pour chaque composante de `u`. Ainsi, « `for k=1:n` *instruction* `, end` » répète l'instruction n fois.

Boucle « while »

« `while` *test* `do` *instruction* `, end` » permet la répétition de l'instruction (ou des instructions, en les séparant par des virgules) tant que le *test* est vrai.

50. INFORMATIQUE : STATISTIQUES

Dans ce qui suit, les vecteurs `x` et `y` définissent respectivement les séries statistiques (x_i) et (y_i)

Fonction dsearch

Si `c` est un vecteur $(c_1,\ldots,c_n)$ définissant les extrémités des classes, `[a,b]=dsearch(x,c)` affecte à `b` le vecteur dont la première composante est l'effectif associé à la classe $[c_1, c_2]$, et les autres sont les effectifs associés aux classes $]c_i, c_{i+1}]$, $2 \leq i \leq n-1$, et affecte à `a` le vecteur de même format que `x`, dont la $i^{ème}$ composante est le numéro de la classe à laquelle appartient x_i.

Fonction tabul

- `tabul(x,'i')` renvoie une matrice dont la première colonne contient les différentes modalités de `x` rangées par ordre croissant et la seconde colonne contient les effectifs correspondants.
- `tabul(x,'d')` fait de même pour un ordre décroissant.

Effectifs, effectifs cumulés

- `sum(x)` renvoie l'effectif total de la série (x_i).
- `A=tabul(x,'i'),cumsum(A(:,2))` renvoie les modalités rangées par ordre croissant et les effectifs cumulés de la série (x_i).

Fréquences, fréquences cumulées

- `A=tabul(x,'i');A(:,2)/sum(x)` renvoie les fréquences correspondant aux modalités de (x_i) rangés par ordre croissant.
- `A=tabul(x,'i');a=cumsum(A(:,2));b=a/sum(x)` renvoie cette fois les fréquences cumulées.

Paramètres d'une série statistique

- `mean(x)` renvoie la moyenne de la série (x_i).
- `median(x)` renvoie la médiane de la série (x_i).
- `stdev(x)` renvoie l'écart-type de la série (x_i).

Diagramme en bâtons

La fonction tabul renvoie en première colonne les modalités x_i de la série et en deuxième colonne les effectifs n_i correspondants.

La commande `m=tabul(x,'i');bar(m(:,1),m(:,2))` permet de tracer le diagramme en bâtons de la série x, la longueur du bâton placé à la verticale de x_i étant proportionnelle à n_i.

Diagramme circulaire

On appelle *mod*1,…,*modp* les composantes de la première colonne de `tabul(x,'i')`. La commande :

`m=tabul(x,'i');pie(m(:,2),['`*mod*1`',…, '`*modp*`'])`

permet de tracer la représentation en « camembert » de la série x. À côté de chaque part figure son nom `'modi'`.

Histogramme

Si `c` est un vecteur $(c_1,\ldots,c_n)$ définissant les extrémités des classes, `histplot(c,x)` commande l'histogramme de la série en $n-1$ classes $[c_1,c_2]$, $]c_2,c_3]$,…, $]c_{n-1},c_n]$ (la surface des rectangles est proportionnelle aux effectifs des classes, la surface totale vaut 1).

Covariance

Les vecteurs `x` et `y` définissent une série statistique double (x_i,y_i).

- `corr(x,y,1)` renvoie la covariance de cette série double.
- `corr(x,y,1)/(stdev(x)*stdev(y))` renvoie donc le coefficient de corrélation linéaire de cette série.

Régression linéaire

La *droite de régression linéaire de Y en X* est la droite d'équation :

$$y=\frac{\text{Cov}(X,Y)}{V(X)}(x-\overline{X})+\overline{Y}$$

La *droite de régression linéaire de X en Y* est la droite d'équation :

$$x=\frac{\text{Cov}(X,Y)}{V(Y)}(y-\overline{Y})+\overline{X}$$

51. INFORMATIQUE : SIMULATION

La fonction rand

L'instruction `rand()` renvoie un nombre choisi au hasard dans l'intervalle [0,1[, c'est-à-dire que la fonction `rand` simule la valeur prise par une variable aléatoire qui suit la loi uniforme sur [0,1[(ou sur $[0,1]$, c'est "presque sûrement" la même chose).

Si n et m sont deux entiers naturels non nuls, `rand(n,m)` renvoie une matrice de $\mathcal{M}_{n,m}(\mathbb{R})$ dont les éléments sont les valeurs prises par nm variables aléatoires indépendantes qui suivent la loi uniforme sur $[0,1]$.

Par défaut, le générateur aléatoire `rand` simule une variable aléatoire suivant la loi uniforme sur $[0,1]$.

On peut lui faire simuler une variable aléatoire suivant la loi normale centrée réduite en tapant l'instruction `rand('normal')`, suivie de `rand()` ou de `rand(n,m)`, puis en appuyant sur enter.

On revient à la simulation d'une variable aléatoire suivant la loi uniforme sur $[0,1]$ en tapant l'instruction `rand('uniforme')`, suivie de `rand()` ou de `rand(n,m)`, puis en appuyant sur enter.

Simulation d'un événement de probabilité *p*

Si p est un réel de [0,1], alors « `rand < p` » est un booléen qui prend la valeur true (ou la valeur 1) avec la probabilité p et la valeur false (ou la valeur 0) avec la probabilité $1-p$.

Il simule donc un événement de probabilité p.

Simulation de variables aléatoires discrètes

Simuler une variable aléatoire discrète X, c'est écrire des commandes permettant de renvoyer une valeur de $X(\Omega)$, de telle sorte que, pour tout x_k de $X(\Omega)$, la valeur x_k soit renvoyée avec la probabilité $P(X = x_k)$.

Simulation de variables aléatoires à densité

Simuler une variable aléatoire à densité X, c'est écrire des commandes permettant de renvoyer une valeur de $X(\Omega)$, de telle sorte que, pour tout x de $X(\Omega)$ et pour tout couple (a,b) de réels tels que $a<b$, la probabilité que x soit dans l'intervalle $[a,b]$ est égale à $F_X(b)-F_X(a)$, où F_X est la fonction de répartition de X.

La fonction grand

- Loi uniforme sur $[\![a, b]\!]$, avec a et b **entiers** tels que $a<b$:

```
grand(n,m,'uin',a,b)
```

- Loi binomiale de paramètres N et p :

```
grand(n,m,'bin',N,p)
```

- Loi géométrique de paramètre p :

```
grand(n,m,'geom',p)
```

- Loi de Poisson de paramètre λ :

```
grand(n,m,'poi',lambda)
```

nm variables aléatoires indépendantes suivant la loi de Bernoulli de paramètre p sont donc simulées par : `grand(n,m,'bin',1,p)`.

- Loi uniforme sur $[a, b]$, avec a et b **réels** tels que $a<b$:

```
grand(n,m,'unf',a,b)
```

- Loi exponentielle de paramètre λ :

```
grand(n,m,'exp',1/lambda)
```

- Loi normale $\mathcal{N}(\mu, \sigma^2)$:

```
grand(n,m,'nor',mu,sigma)
```

Loi uniforme sur [0, 1] et loi exponentielle

Si U suit la loi uniforme sur $[0,1]$, alors $X=-\frac{1}{\lambda}\ln(1-U)$ suit la loi exponentielle de paramètre λ.

Conséquence :

La commande `x=-log(1-rand())/lambda` simule (sans faire appel à `grand`) une variable X suivant la loi exponentielle de paramètre λ.

Méthode d'inversion (variable discrète)

Soit U une variable aléatoire suivant la loi uniforme sur $[0,1]$. Si X est une variable discrète (finie ou non) prenant ses valeurs dans $\{x_1, x_2, ...\}$, avec $x_1 < x_2 < x_3 < ...$, et de fonction de répartition F, on a :

$$\begin{cases} P(X = x_1) = P(U \leq F(x_1)) \\ \forall k \geq 2, P(X = x_k) = P(F(x_{k-1}) < U \leq F(x_k)) \end{cases}$$

Conséquence, par exemple pour une variable à valeurs dans $\mathbb{N}$:

Comme $(X = k)$ est réalisé lorsque k est la première valeur pour laquelle on a $(U \leq F(k))$, on peut, après avoir déterminé F, simuler X avec les commandes :

```
k=0;u=rand();
while u>F(k) do u=rand(); k=k+1;end,
```

Méthode d'inversion (variable à densité)

Soit U une variable aléatoire suivant la loi uniforme sur $[0,1]$. Si X est une variable à densité de fonction de répartition F, on a :

$$\forall x \in \mathbb{R}, \ F(x) = P(U \leq F(x))$$

Conséquence :

On écrit l'événement $(U \leq F(x))$ sous la forme $(h(U) \leq x)$, si c'est possible, sinon la méthode ne s'applique pas. Comme $P(X \leq x) = F(x) = P(U \leq F(x)) = P(h(U) \leq x)$, alors $h(U)$ a la même loi que X et on simule X avec :

```
x=h(rand())
```

Méthode de Monte Carlo

La méthode de Monte Carlo permet d'estimer une quantité difficile (ou impossible) à calculer directement en la considérant comme la probabilité d'un événement lié à une variable aléatoire ou comme l'espérance d'une variable aléatoire que l'on sait simuler informatiquement.

Dans le cas où la quantité cherchée peut s'interpréter comme la probabilité $P(X \leq k)$, il suffit de simuler n variables de même loi que X dans un vecteur u et de calculer la proportion de valeurs inférieures à k avec par exemple :

```
sum(u<=k)/n
```

Dans le cas où la quantité cherchée peut s'interpréter comme l'espérance d'une variable aléatoire X, la méthode est basée sur la loi faible des grands nombres, ou, ce qui est la même chose, sur le fait que la moyenne empirique est un estimateur sans biais et convergent de $E(X)$. Il suffit alors de simuler n variables de même loi que X dans un vecteur u et de calculer la moyenne de u avec par exemple :

`sum(u)/n` ou `mean(u)`

Chaînes de Markov homogènes

On appelle *chaîne de Markov*, toute suite $(X_n)_{n\in\mathbb{N}}$ de variables aléatoires, définies sur le même espace probabilisé et à valeurs dans l'ensemble $E = [\![1, N]\!]$ (ensemble des états de la chaîne), telles que, pour tout n de $\mathbb{N}$, la loi de X_{n+1} ne dépend que de la loi de X_n.

Lorsque les probabilités $P_{(X_n=i)}(X_{n+1} = j)$ sont indépendantes de n, on les note $p_{i,j}$ et la chaîne est dite *homogène*. La matrice $M = (p_{i,j})_{1\leq i,j\leq N}$ est appelée matrice de transition de la chaîne.

La commande `grand(n,'markov',M,x0)` renvoie les n premiers états suivant l'état initial (*trajectoire*) d'une chaîne de Markov, de matrice de transition `M`, élément de $\mathcal{M}_N(\mathbb{R})$, et d'état initial `x0`, élément de $E = [\![1, N]\!]$ (ensemble des états de la chaîne).

52. INFORMATIQUE : GRAPHIQUES

Définition de fonctions

`function [z] = f(x), z=------, endfunction` crée la fonction f qui, à tout réel x, associe le réel `z` défini par l'instruction `z=------`.

`function [z] = f(x,y), z=------, endfunction` crée la fonction f qui, à tout couple de réels (x,y), associe le réel `z` défini par l'instruction `z=------`.

On peut omettre les crochets autour de `z` si la fonction f renvoie une seule variable (ce qui sera, dans la pratique, toujours le cas).

Nuage de points

Si $x=(x_1,x_2,...,x_n)$ et $y=(y_1,y_2,...,y_n)$ sont deux vecteurs lignes (ou deux vecteurs colonnes) de même taille, la commande `plot2d(x,y,style)` permet de représenter le nuage des points $M_i(x_i,y_i)$ si on a donné à style une valeur négative.

Ligne brisée

Si $x=(x_1,x_2,...,x_n)$ et $y=(y_1,y_2,...,y_n)$ sont deux vecteurs lignes (ou deux vecteurs colonnes) de même taille, la commande `plot2d(x,y,style)` permet de tracer la ligne brisée reliant les points $M_i(x_i,y_i)$ si on a donné à style une valeur positive.

Courbes du plan : plot2d

Pour tracer la courbe de la fonction f, on peut construire le vecteur `x` des abscisses (avec un pas assez petit pour que la ligne brisée représentée soit suffisamment proche de la courbe espérée) pour lequel on veut la représentation, on définit le vecteur `y=f(x)`, avec multiplications et divisions pointées le cas échéant, puis on utilise la fonction `plot2d(x,y)`.

Pour tracer plusieurs courbes sur le même graphique, on peut faire plusieurs appels de la commande `plot2d`.

Commande rect

`plot2d(x,y,rect=[xmin,ymin,xmax,ymax])` trace la portion de courbe pour les abscisses x comprises entre `xmin` et `xmax` et les ordonnées y comprises entre `ymin` et `ymax`.

Courbes du plan : fplot2d

Pour tracer la courbe de la fonction f, on peut construire le vecteur `x` des abscisses, déclarer la fonction `f` dont on veut la courbe, puis utiliser la commande `fplot2d(x,f)`.

Surfaces de l'espace : plot3d

Pour tracer la surface représentant la fonction f, on peut construire le vecteur `x` des abscisses et le vecteur `y` des ordonnées (avec un pas assez petit) pour lesquels on veut la représentation. Si l'on peut créer la matrice `z` dont les éléments sont définis par $z_{i,j} = f\left(x_i, y_j\right)$, avec multiplications et divisions pointées le cas échéant, alors on utilise la fonction `plot3d(x,y,z)`.

Surfaces de l'espace : fplot3d

Pour tracer la surface représentant la fonction f, on peut construire le vecteur `x` des abscisses et le vecteur `y` des ordonnées (toujours avec un pas assez petit), on déclare la fonction `f` dont on veut tracer la nappe, puis on utilise la commande `fplot3d(x,y,f)`.

Lignes de niveau d'une surface de l'espace

Ayant défini la fonction f de $\mathbb{R}^2$ dans $\mathbb{R}$, ainsi que les vecteurs x (abscisses) et y (ordonnées), la commande `contour(x,y,f,n)` permet de tracer n lignes de niveau (du plus petit niveau au plus grand dans la portion de plan délimitée par x et y).

&

Le principe de l'évolution est beaucoup plus rapide
en informatique que chez le bipède.

Jean Dion

INDEX

A

B

C

D

E

F

G

H

I

K

L

M

N

O

P

Q

R

S

T

U

V

&

L'empire de la mathématique sur la matière
est un empire de douceur.

Simone Weil

Notes

Notes

Notes

Notes

Notes

Notes

Achevé d'imprimer en juillet 2018
N° d'impression 1806.0075
Dépôt légal, juillet 2018
Imprimé en France